INVENTAIRE
V 41.528

NOUVEAU MANUEL CLASSIQUE

DES

POIDS ET MESURES.

PARIS. — IMPRIMERIE ET LITHOGRAPHIE FÉLIX MALTESTE ET Cᵉ,
rue des Deux-Portes-Saint-Sauveur, nᵒ 18.

NOUVEAU MANUEL CLASSIQUE

DES

POIDS ET MESURES,

DIVISÉ EN DEUX PARTIES :

1º THÉORIE,

Contenant les réponses à toutes les questions qui ont rapport au système métrique,
avec les dessins des poids et mesures
intercalés dans le texte en regard des définitions;

2º PRATIQUE,

Ou recueil de plus de 150 problèmes et exercices sur le système métrique
avec les solutions placées à la fin de l'ouvrage.

Par **A. HENRY,** Instituteur,
Directeur de l'École mutuelle du IXe Arrondissement de Paris.

PARIS,

LIBRAIRIE CLASSIQUE DE J. LOZOUET,

RUE DU ROI-DE-SICILE, 32.
Près la rue St-Antoine.

1851

NOUVEAU MANUEL CLASSIQUE

DES

POIDS ET MESURES.

PREMIÈRE PARTIE.

THÉORIE.

NOTIONS PRÉLIMINAIRES.

1. Le *système métrique* est l'ensemble des mesures dont l'usage est prescrit en France, et qui dérivent toutes d'une unité fondamentale qu'on nomme MÈTRE.

2. Le système métrique est appelé *décimal*, parce que les multiples de chaque unité de mesure valent dix, cent, mille ou dix mille fois cette unité, et que ses sous-multiples en sont la dixième, la centième ou la millième partie.

3. Il est encore appelé système *légal*, parce que depuis de 1er janvier 1840, il est le seul reconnu par la loi; et système *des poids et mesures*, par rapport aux unités de poids et de longueur qui sont les deux plus importantes du système, c'est-à-dire celles qui ont nécessité le plus de travaux pour être déterminées.

4. Les unités principales du système métrique sont au nombre de six, savoir :

1º Le MÈTRE, unité des mesures de longueur ;

2º L'ARE, unité des mesures de surface agraires ;

3º Le STÈRE, unité de volume pour le bois de chauffage ;

4º Le LITRE, unité de capacité pour les liquides et les matières sèches ;

5º Le GRAMME, unité des mesures de poids ;

6º Le FRANC, unité des mesures monétaires ou des monnaies.

5. Toutes ces unités dérivent du mètre. Ainsi :

L'*Are* en dérive, parce que c'est un carré ayant dix mètres de côté ;

Le *Stère*, parce qu'il est égal à un cube ayant un mètre en tout sens ;

Le *Litre*, parce que c'est un vase dont la contenance est égale au volume d'un décimètre cube ;

Le *Gramme*, parce que c'est le poids absolu d'un centimètre cube d'eau distillée ;

Enfin le *Franc* dérive du mètre, parce qu'il pèse cinq grammes, et que le gramme est basé sur le mètre.

6. Pour exprimer les *multiples* et les *sous-multiples* des unités métriques, c'est-à-dire les mesures dix, cent, mille fois plus grandes ou plus petites que ces unités, on emploie sept mots dont quatre, tirés du *grec*, servent à former les multiples, et trois, tirés du *latin*, à former les sous-multiples.

Ceux qui expriment les multiples sont :

MYRIA, qui signifie 10.000 ;

KILO,   —   1.000 ;

HECTO,   —   100 ;

DÉCA,   —   10.

Ceux qui expriment les sous-multiples sont :

DÉCI, qui signifie 0,1   (*dixième*) ;

CENTI,   —   0,01 (*centième*) ;

MILLI,   —   0,001 (*millième*).

Ces mots ne s'emploient jamais seuls ; ils se placent toujours devant le nom de l'unité principale avec lequel ils ne forment plus qu'un seul mot. Ainsi :

Un MYRIA*mètre*,   représente 10.000 mètres,

Un KILO*gramme*,   —   1.000 grammes,

Un HECTO*litre*,   —   100 litres,

Un DÉCA*stère*,   —   10 stères,

Un DÉCI*gramme*,   —   0,1 de gramme,

Un CENTI*are*,   —   0,01 d'are,

Un MILLI*mètre*,   —   0,001 de mètre.

7. Outre les mesures exprimées par les unités métriques et par leurs multiples et sous-multiples, la loi autorise l'emploi des *doubles* et des *moitiés* de ces mesures, afin de donner à la vente des divers objets toute la commodité que l'on peut désirer.

8. Le *mètre*, le *litre* et le *gramme* sont les seules unités qui aient tous leurs multiples et sous-multiples.

Le *franc* n'a pas de multiples décimaux ; il n'admet la division par dix que dans ses sous-multiples, mais on dit : *décime, centime, millième,* au lieu de *décifranc, centifranc, millifranc.*

L'*are* n'a qu'un multiple, qui est l'*hectare*, et qu'un sous-multiple, qui est le *centiare*.

Le *stère* n'a également qu'un multiple, le *décastère*, et qu'un sous-multiple, le *décistère*.

9. Toutes les grandeurs susceptibles d'être évaluées, et dont les unités de mesure dérivent du mètre, peuvent être divisées en cinq classes, savoir : la *longueur*, la *superficie*, le *volume*, la *pesanteur* et la *valeur monétaire*.

Questionnaire.

1. Qu'est-ce que le système métrique? — 2. Pourquoi est-il appelé système décimal? — 3. Pourquoi système légal des poids et mesures? — 4. Combien y a-t-il d'unités principales dans le système métrique? — 5. Prouvez que toutes ces unités dérivent du mètre? — 6. Comment exprime-t-on les multiples et les sous-multiples des unités métriques? — 7. La loi n'autorise-t-elle pas l'emploi de mesures autres que celles exprimées par les unités principales, et par leurs multiples et sous-multiples? — 8. Faites connaître les unités de mesure qui ont tous leurs multiples et tous leurs sous-multiples, ainsi que celles qui n'en ont qu'une partie? — 9. En combien de classes peut-on diviser toutes les grandeurs susceptibles d'évaluation, dont les unités de mesure dérivent du mètre? Nommez-les.

MESURES DE LONGUEUR.

10. On appelle *mesures de longueur*, celles qu'on emploie pour mesurer l'étendue considérée comme ligne, c'est-à-dire indépendamment de ses autres dimensions, comme la longueur d'une pièce d'étoffe, la largeur d'un chemin, la hauteur d'un édifice, l'épaisseur d'une planche, la profondeur d'un puits, etc.

11. Le mètre est l'unité des mesures de longueur. Il est égal à la dix-millionième partie du quart du méridien terrestre, c'est-à-dire de la distance comprise entre le pôle et l'équateur.

Pour obtenir la longueur du mètre, on n'a pas été obligé de mesurer toute la distance comprise entre le pôle et l'équateur. Comme les méridiens sont des cercles de la terre, et que leur circonférence est supposée divisée en 360 parties égales appelées *degrés*, il a suffi de mesurer exactement un certain nombre de degrés pour en déduire la longueur de toute la circonférence. De cette manière, on a trouvé que la distance du pôle à l'équateur est de 5.130.740 toises, dont la dix-millionième partie a pris le nom de mètre, d'un mot grec, *métron*, qui veut dire *mesure*.

12. Les multiples du mètre sont :

Le DÉCAMÈTRE, qui vaut 10 mètres ;
L'HECTOMÈTRE, — 100 mètres ;
Le KILOMÈTRE, — 1.000 mètres ;
Le MYRIAMÈTRE, — 10.000 mètres.

Les sous-multiples du mètre sont :

Le DÉCIMÈTRE, qui vaut la dixième partie du mètre ;

Le CENTIMÈTRE, qui vaut la dixième partie du décimètre ou la centième partie du mètre ;

Le MILLIMÈTRE, qui vaut la dixième partie du centimètre, la centième partie du décimètre ou la millième partie du mètre.

Mesures effectives de Longueur.

13. Les mesures *effectives* de longueur autorisées par la loi, sont au nombre de huit, savoir :

Le double décamètre,
Le DÉCAMÈTRE,
Le demi-décamètre,
Le double mètre,
Le MÈTRE,
Le demi-mètre,
Le double décimètre,
Le DÉCIMÈTRE.

On appelle mesures *effectives* les objets matériels dont on se sert pour mesurer. Par opposition, on appelle mesures *fictives* ou mesures *de compte*, celles qui n'existent pas réellement, mais dont l'esprit peut facilement concevoir la grandeur.

14. Les mesures de longueur se divisent en trois classes, savoir :

1° Les mesures de *longueur* proprement dites ;
2° Les mesures de longueur *agraires* ;
3° Les mesures *itinéraires*.

MESURES DE LONGUEUR

PROPREMENT DITES.

15. Les mesures de longueur proprement dites, sont :
Le *mètre* et le *demi-mètre*, dont on se sert pour mesurer les longueurs usuelles, telles que les étoffes, les ouvrages de menuiserie, de tapisserie, etc.; le *double décimètre* et le *décimètre*, qu'on emploie pour dresser les plans, pour calculer les dimensions d'un dessin, en un mot pour évaluer les longueurs d'une très-petite étendue.

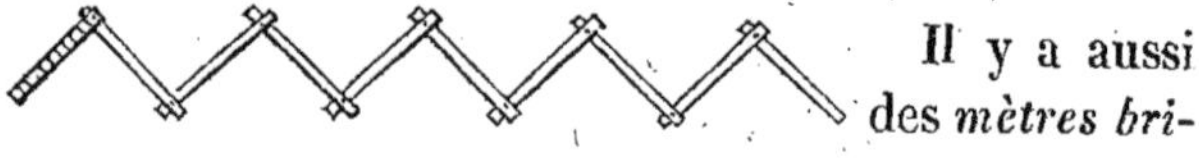 **16.** On donne au mètre différentes formes, suivant l'usage auquel on le destine. Il est ordinairement représenté par une règle plate en bois dur, divisée dans toute sa longueur en décimètres et en centimètres.

Le mètre qu'emploient les marchands pour le mesurage des étoffes est aussi en bois, et a la forme d'une règle carrée ; celui des tailleurs est un ruban de fil divisé et marqué en centimètres, etc.

Il y a aussi des *mètres brisés* en fer, en cuivre, en ivoire, en buis, etc., qui se plient en cinq ou en dix parties, et que les ouvriers peuvent mettre dans leur poche.

17. Les doubles décimètres et les décimètres sont des règles plates, ordinairement de bois, d'ivoire ou de baleine, divisées en centimètres et en millimètres, et marquées à chaque centimètre par dizaines de millimètres. — Le décimètre est peu employé; on ne se sert guère que du double décimètre.

18. Le mètre, considéré comme unité des longueurs usuelles, ne se lie à aucun des mots multiples : on le compte avec les nombres ordinaires. Ainsi on dit : 10 mètres, 100 mètres de toile, et non un *décamètre*, un *hectomètre*, etc.

19. Dans les nombres décimaux dont l'unité est le mètre, le chiffre des dixièmes représente les décimètres; celui des centièmes, les centimètres, et celui des millièmes, les millimètres.

Ainsi, le nombre décimal $2^m,356$ contient 2 mètres, 3 décimètres, 5 centimètres, 6 millimètres, et s'énonce ainsi : 2 mètres 356 millimètres.

Le nombre décimal $1^m,02534$, qui renferme des divisions plus petites que le millimètre, s'énoncerait ainsi : 1 mètre, 25 millimètres, 34 centièmes de millimètre, ou 1 mètre 2534 cent-millièmes de mètre.

MESURES DE LONGUEUR AGRAIRES.

20. Les mesures de longueur *agraires* sont celles qu'on emploie pour mesurer l'étendue des champs. Ce sont :

Le *double décamètre*, le *décamètre* et le *demi-décamètre*.

21. Ces mesures ont ordinairement la forme d'une chaîne, composée de chaînons en fer ayant chacun deux ou cinq décimètres de longueur. Cette chaîne est terminée aux deux extrémités par des poignées prises sur la longueur de la mesure, et qui sont destinées à en rendre l'usage plus facile.

Le double décamètre et le demi-décamètre sont peu employés. On ne se sert le plus ordinairement que du décamètre, auquel on donne le nom de *chaîne métrique*.

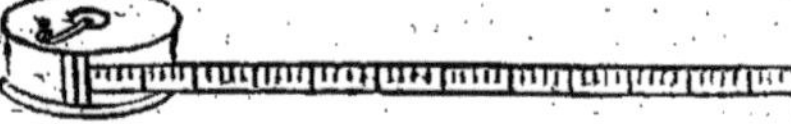 L'étendue de ces mesures est encore représentée par des rubans de fil ou de maroquin, divisés dans toute leur longueur en mètres, décimètres et centimètres, et qui s'enroulent au moyen d'une manivelle sur l'axe d'un étui nommé *roulette*. Mais comme ces mesures sont susceptibles de s'étendre ou de se raccourcir, elles ne sont pas autorisées par la loi.

Dans cette classe de mesures il faut ranger le *double mètre* en bois, et le *mètre* en forme de canne, dont se servent particulièrement les arpenteurs, les architectes et les ingénieurs, pour le lever des plans et la vérification des travaux de construction.

MESURES ITINÉRAIRES.

22. Les mesures *itinéraires* sont celles qui servent à évaluer les distances géographiques.

Ces mesures sont : le *myriamètre*, le *kilomètre* et l'*hectomètre*.

23. Le myriamètre est employé pour exprimer les grandes distances géographiques, le kilomètre et l'hectomètre, pour marquer sur les routes les distances ou longueurs itinéraires.

24. Sur les principales routes de France, les kilomètres sont indiqués par de grandes bornes en pierre, et les hectomètres par des bornes intermédiaires plus petites, en pierre ou en fonte.

En différents endroits, et particulièrement aux embranchements des routes, des poteaux indiquent la distance du lieu où ils se trouvent aux villes et villages environnants : l'unité est le kilomètre, les dixièmes représentent les hectomètres.

Questionnaire.

10. Qu'est-ce que les mesures de longueur? — 11. Qu'est-ce que le mètre? A quoi est-il égal? — 12. Quels sont les multiples et les sous-multiples du mètre? — 13. Quelles sont les mesures effectives de longueur autorisées par la loi? — 14. En combien de classes divise-t-on les mesures de longueur? — 15. Quelles sont les mesures de longueur proprement dites? — 16. Sous quelles formes diverses le mètre est-il représenté? — 17. Comment sont établis les doubles décimètres et les décimètres? — 18. Le mètre, considéré comme unité des longueurs usuelles, peut-il être précédé des mots multiples? — 19. Dans les nombres décimaux dont l'unité est le mètre, à quels rangs se trouvent les décimètres, les centimètres et les millimètres? — 20. Qu'est-ce que les mesures de longueur agraires? Quelles sont-elles? — 21. Quelles formes ont ordinairement ces mesures? — 22. Qu'est-ce que les mesures itinéraires? Quelles sont-elles? — 23. Dans quels cas ces mesures s'emploient-elles? — 24. Comment sont indiqués sur les routes les kilomètres et les hectomètres?

MESURES de SURFACE ou de SUPERFICIE.

—

25. On appelle *mesures de surface*, celles dont on se sert pour évaluer l'étendue considérée sous les deux dimensions, longueur et largeur.

26. *Mesurer une surface*, c'est déterminer combien de fois elle contient une autre surface plus petite, ayant la forme d'un carré, que l'on prend pour unité ou terme de comparaison.

27. L'unité des mesures de surface est le MÈTRE CARRÉ.

1.

28. Les multiples du mètre carré sont :

Le DÉCAMÈTRE CARRÉ,

L'HECTOMÈTRE CARRÉ,

Le KILOMÈTRE CARRÉ,

Le MYRIAMÈTRE CARRÉ.

Les sous-multiples du mètre carré sont :

Le DÉCIMÈTRE CARRÉ,

Le CENTIMÈTRE CARRÉ,

Le MILLIMÈTRE CARRÉ.

Il n'existe pas de mesures effectives de surface, c'est-à-dire de mesures effectivement carrées qu'on soit obligé d'appliquer successivement sur toutes les parties de la figure qu'on veut évaluer. Les mesures qu'on emploie, sont les mesures linéaires autorisées : le *mètre* et ses subdivisions, pour les petites étendues ; le *décamètre* et le *double décamètre*, pour l'arpentage et les opérations qui ont rapport à la topographie. La géométrie enseigne la manière dont il faut procéder avec ces mesures, et les opérations qu'il faut effectuer ensuite pour arriver aux résultats cherchés, que l'on exprime soit en *mètres carrés*, en *kilomètres carrés*, en *ares* ou en *hectares*, etc., selon ce qu'il s'agit d'évaluer.

29. Les mesures de surface se divisent en trois classes, savoir :

1º Les mesures de *surface* proprement dites ;

2º Les mesures de surface *agraires* ;

3º Les mesures *topographiques*.

MESURES DE **SURFACE**

PROPREMENT DITES.

30. Les mesures de *surface* proprement dites sont celles dont on se sert pour évaluer les surfaces d'une petite étendue, comme celles des murs, des parquets, etc.

Ces mesures sont :

Le *mètre carré*, le *décimètre carré*, le *centimètre carré* et le *millimètre carré*.

31. Le mètre carré est un carré dont chaque côté a un mètre de longueur.

Le décimètre carré, un carré dont chaque côté a un décimètre de longueur.

Le centimètre carré, un carré dont chaque côté a un centimètre de longueur.

Le millimètre carré, un carré dont chaque côté a un millimètre de longueur.

Le mètre carré, employé comme mesure de surface proprement dite, ne se lie à aucun des mots multiples. Ainsi on ne dirait pas: un décamètre carré de peinture, de menuiserie, etc., mais bien 100 mètres carrés... — Le décamètre carré n'est employé que comme mesure agraire, et pour désigner un carré de terre de la contenance d'un *are*; de même l'hectomètre carré, le kilomètre carré et le myriamètre carré ne s'emploient que comme mesures topographiques, comme on le verra dans les chapitres suivants.

32. Toutes les mesures superficielles ayant la forme d'un carré, et la surface d'un carré étant égale à *la longueur d'un de ses côtés multipliée par elle-même*, il en résulte que:

Le mètre carré
= 10 décim. $\times$ 10 décim. ou 100 décim. car.
= 100 cent. $\times$ 100 centim. ou 10.000 centim. car.
= 1.000 mill. $\times$ 1.000 mill. ou 1.000.000 de mill. car.

Le décimètre carré
= 10 centim. $\times$ 10 centim. ou 100 centim. car.
= 100 millim. $\times$ 100 millim. ou 10.000 millim. car.

Le centimètre carré
= 10 millim. $\times$ 10 millim. ou 100 millim. car.

Réciproquement :

Le décimètre carré égale la centième partie du mètre carré ;

Le centimètre carré égale la centième partie du décimètre carré, ou la dix-millième partie du mètre carré ;

Le millimètre carré égale la centième partie du centimètre carré, la dix-millième partie du décimètre carré, ou la millionième partie du mètre carré.

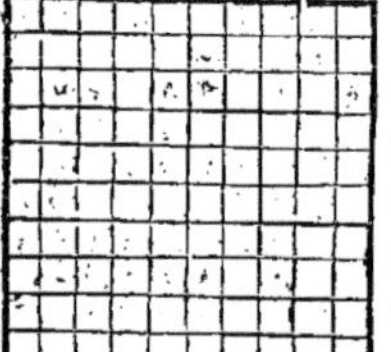

Nous disons que le mètre carré égale 100 décimètres carrés. En effet : si on partage en dix parties égales deux des côtés contigus du carré qui représente le mètre carré, et si par les points de divisions on mène des droites perpendiculaires aux côtés, ces droites formeront, en se croisant, 100 petits carrés égaux ayant chacun un décimètre de côté, et qui représenteront par conséquent 100 décimètres carrés.

En raisonnant d'une manière analogue sur le décimètre carré et sur le centimètre carré, on prouverait que le décimètre carré vaut 100 centimètres carrés ; le centimètre carré, 100 millimètres carrés, etc.

33. Dans un nombre décimal dont l'unité est le mètre carré, les décimètres carrés occupent le premier et le deuxième rang après la virgule ; les centimètres carrés, le troisième et le quatrième rang, et les millimètres carrés, le cinquième et le sixième rang.

Ainsi le nombre décimal 3 m. car. ,250798 renferme 3 m. car., 25 décim. car., 7 centim. car., 98 millim. car.

Si le nombre des chiffres décimaux était impair, on ajouterait un zéro à la droite de la partie décimale, puis on décomposerait le nombre, ainsi modifié, comme nous l'avons fait ci-dessus. Ainsi 2 m. car. ,375 égalent 2 mèt. car., 37 décim. car., 50 centim. car.

MESURES DE SURFACE AGRAIRES.

34. Les mesures de surface *agraires* sont celles qu'on emploie pour évaluer la superficie des propriétés rurales, comme les champs, les prés, les vignes, les bois, etc.

55. L'unité des mesures de surface agraires est l'ARE. C'est un carré qui a 10 mètres de côté, et par conséquent 100 mètres carrés de superficie.

Il est égal au *décamètre carré*, c'est-à-dire au carré qui a pour côté l'unité des longueurs agraires, la chaîne métrique appelée *décamètre*.

56. L'are n'a qu'un multiple, l'HECTARE, qui vaut cent ares. C'est un carré qui a 100 mètres de côté ou 10.000 mètres carrés de superficie.

Il est égal à l'hectomètre carré.

Le seul sous-multiple usité de l'are est le CENTIARE, ou centième partie de l'are. C'est un carré qui a un mètre de côté, et qui est égal, par conséquent, à un mètre carré.

Si on proposait de convertir un certain nombre de mètres carrés en *hectares*, *ares* et *centiares*, on partagerait mentalement le nombre donné par tranches de deux chiffres, en allant de droite à gauche : les unités et les dizaines représenteraient les *centiares*, les centaines et les mille représenteraient les *ares*, les dizaines de mille et les autres unités supérieures représenteraient les *hectares*.

Ainsi 2.763.526 mètres carrés égalent 276 *hectares*, 35 *ares*, 26 *centiares*.

57. Dans un nombre décimal dont l'unité est l'are, les centièmes représentent les centiares, et les centaines, les hectares.

Ainsi 13.027 ares, 45 égalent 130 hectares, 27 ares, 45 centiares.

MESURES TOPOGRAPHIQUES.

58. Les mesures *topographiques* sont celles qu'on emploie pour évaluer l'étendue en surface d'un département, d'une contrée, etc.

Ces mesures sont : l'*hectomètre carré*, le *kilomètre carré* et le *myriamètre carré*.

39. L'hectomètre carré est un carré qui a 100 mètres de côté ou 10.000 mètres carrés de superficie : il est égal à l'hectare.

Le kilomètre carré est un carré qui a 1.000 mètres de côté ou 1.000.000 de mètres carrés de superficie : il est égal à 100 hectomètres carrés.

Le myriamètre carré est un carré qui a 10.000 mètres de côté ou 100.000.000 de mètres carrés de superficie : il est égal à 100 kilomètres carrés ou à 10.000 hectomètres carrés.

On se sert peu de l'hectomètre carré comme mesure topographique. Quand on l'emploie, ce n'est que pour évaluer les petites étendues de territoire, ou pour compléter l'évaluation d'une superficie qui ne contient pas un nombre exact de kilomètres carrés.

Questionnaire.

25. Qu'appelle-t-on mesures de surface? — 26. Qu'est-ce que mesurer une surface? — 27. Quelle est l'unité des mesures de surface? — 28. Quels sont les multiples et les sous-multiples du mètre carré? — 29. En combien de classes divise-t-on les mesures de surface? — 30. Qu'est-ce que les mesures de surface proprement dites? Quelles sont ces mesures? — 31. Qu'est-ce que le mètre carré, le centimètre carré et le millimètre carré? — 32. Dites ce que valent le mètre carré, le décimètre carré et le centimètre carré par rapport à leurs sous-multiples, et réciproquement, ce que valent le décimètre carré, le centimètre carré et le millimètre carré par rapport à leurs multiples? — 33. Quels rangs occupent le décimètre carré, le centimètre carré et le millimètre carré dans un nombre décimal dont l'unité est le mètre carré? — 34. Qu'est-ce que les mesures de surface agraires? — 35. Quelle est l'unité des mesures de surface agraires? Qu'est-ce que l'are? — 36. Quels sont les multiples et les sous-multiples de l'are? — 37. Quels rangs occupent les centiares et les hectares dans un nombre décimal dont l'unité est l'are? — 38. Qu'est-ce que les mesures topographiques? Quelles sont ces mesures? — 39. Qu'est-ce que l'hectomètre carré, le kilomètre carré, le myriamètre carré?

MESURES DE VOLUME.

40. On appelle *mesures de volume*, celles dont on se sert pour évaluer l'étendue considérée sous les trois dimensions, longueur, largeur et hauteur ou profondeur.

41. Les mesures de volume se divisent en trois classes, savoir :

1º Les mesures de *volume* proprement dites ;
2º Les mesures pour le bois de chauffage ;
3º Les mesures de *capacité*.

MESURES DE VOLUME
PROPREMENT DITES.

42. *Mesurer le volume d'un corps*, c'est chercher combien de fois il contient le volume d'un autre corps plus petit, ayant la forme d'un cube, que l'on prend pour unité ou terme de comparaison.

43. L'unité des mesures de volume est le MÈTRE CUBE, c'est-à-dire un cube qui a un mètre de longueur, un mètre de largeur et un mètre de hauteur, et dont par conséquent les six faces sont des mètres carrés.

Le mètre cube n'a pas de multiples. On dit : 10 mètres cubes, 100 mètres cubes, etc., et non un *décamètre cube*, un *hectomètre cube*. Ces mesures, si on en faisait usage, auraient, du reste, une valeur toute différente.

44. Les sous-multiples du mètre cube sont :

Le DÉCIMÈTRE CUBE,

Le CENTIMÈTRE CUBE,

Le MILLIMÈTRE CUBE.

45. Le *décimètre cube* est un cube qui a un décimètre de côté, et dont les six faces sont des décimètres carrés.

Le *centimètre cube* est un cube qui a un centimètre de côté, et dont les six faces sont des centimètres carrés.

Le *millimètre cube* est un cube qui a un millimètre de côté, et dont les six faces sont des millimètres carrés.

Il n'existe pas de mesures *effectives* de volume. Lorsqu'on veut évaluer le volume d'un corps, on se sert, comme pour les surfaces, des mesures effectives de longueur, du mètre et de ses subdivisions ; on opère sur les dimensions de ce corps d'après les moyens qu'enseigne la géométrie, et on exprime les résultats en *mètres cubes, décimètres cubes, centimètres cubes* et *millimètres cubes*.

46. Les mesures de volume ayant toutes la forme cubique, et le volume d'un cube étant égal *au produit de ses trois dimensions*, il en résulte que :

Le mètre cube

$= 10 \times 10 \times 10$ ou 1.000 décim, cub.,

$= 100 \times 100 \times 100$ ou 1.000.000 de centim. cub.,

$= 1000 \times 1000 \times 1000$ ou 1.000.000.000 de mill. cub.

Le décimètre cube

$= 10 \times 10 \times 10$ ou 1.000 centim. cub.,

$= 100 \times 100 \times 100$ ou 1.000.000 de millim. cub.

Le centimètre cube

$= 10 \times 10 \times 10$ ou 1.000 millim. cub.

Réciproquement :

Le décimètre cube égale la millième partie du mètre cube ;

Le centimètre cube égale la millième partie du décimètre cube , ou la millionième partie du mètre cube ;

Le millimètre cube égale la millième partie du centimètre cube , la millionième partie du décimètre cube, ou la billionième partie du mètre cube.

Nous disons que le mètre cube égale 1.000 décimètres cubes. En effet : supposons qu'on ait divisé par des lignes droites un mètre carré en 100 décimètres carrés. On pourra couvrir exactement chaque petit carré d'un

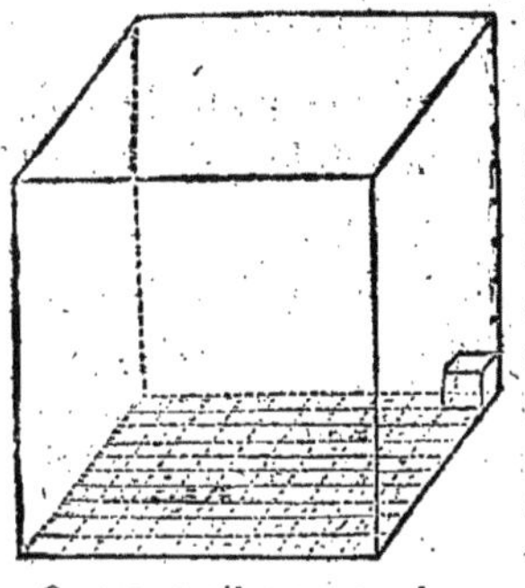

cube de même base, c'est-à-dire d'un décimètre cube, et toute la surface du grand carré de 100 décimètres cubes. Mais cette couche de 100 décimètres cubes n'aura qu'un décimètre de hauteur. On pourra en placer 10 couches semblables les unes au-dessus des autres, et alors on obtiendra un solide ayant un mètre en tous sens, un *mètre cube*, par conséquent, qui sera formé de 10 fois 100 décimètres cubes, ou de 1.000 décimètres cubes.

On prouverait, par un raisonnement analogue, que le décimètre cube égale 1.000 centimètres cubes, le centimètre cube 1.000 millimètres cubes, etc.

47. On emploie le mètre cube pour évaluer les travaux de terrassements, de maçonnerie, les blocs de pierre, la capacité ou le volume intérieur des bassins, des appartements, etc.

Le décimètre cube et le centimètre cube, quand on les prend pour unité, servent à évaluer les solides de petites dimensions.

48. Dans un nombre décimal dont l'unité est le ètre cube, les trois premiers chiffres à droite de la virgule représentent les décimètres cubes, les trois qui viennent ensuite, les centimètres cubes, et les trois suivants, les millimètres cubes.

Ainsi le nombre décimal 5 m. cub. ,625034002 se décompose ainsi: 5 mètres cubes, 625 décimètres cubes, 34 centimètres cubes, 2 millimètres cubes.

Si le nombre des chiffres décimaux n'était pas multiple de trois, on ajouterait un ou deux zéros à la droite de la partie décimale, puis on décomposerait le nombre donné, ainsi modifié, comme nous l'avons fait plus haut. Ainsi : 2 m. cub. ,23562 égalent 2 mètres cubes, 235 décimètres cubes, 620 centimètres cubes.

MESURES POUR LE BOIS DE CHAUFFAGE.

49. L'unité des mesures de volume pour le bois de chauffage est le STÈRE. C'est un solide qui est égal à un mètre cube.

50. Le stère n'a qu'un multiple, le DÉCASTÈRE, qui vaut 10 stères ou 10 mètres cubes.

Il n'a qu'un sous-multiple, le DÉCISTÈRE, qui est égal à un dixième de stère ou à 100 décimètres cubes.

Mesures effectives pour le bois de chauffage.

51. Les mesures *effectives* pour le bois de chauffage sont :

Le STÈRE,

Le double stère,

Le demi-décastère.

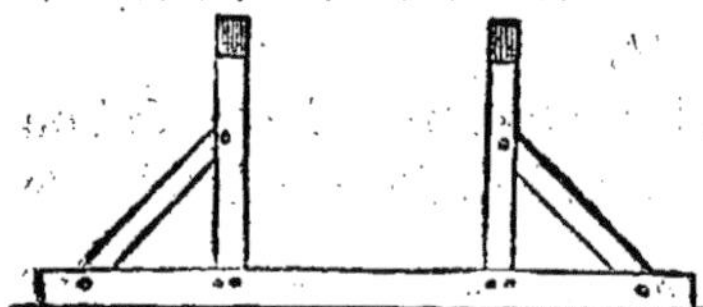

52. Les appareils dont on se sert pour mesurer le bois de chauffage portent le nom de *membrures*.

Ils sont formés : 1º d'une traverse horizontale, qu'on appelle *sole ;* 2º de deux pièces de bois, nommées *montants*, qui s'élèvent verticalement sur la sole; 3º de deux autres pièces, appelées *contrefiches*, qui s'assemblent obliquement en dehors de l'appareil, entre la sole et les montants, et qui sont destinées à soutenir ces derniers et à en prévenir l'écartement.

Les bûches se placent dans la membrure entre les deux montants; leur milieu repose sur la sole, et les deux bouts sur deux traverses parallèles à la sole, qu'on nomme *sous-traits*.

53. La longueur de la sole entre les deux montants est toujours de

1 mètre pour le stère,

2 mètres pour le double-stère,

3 mètres pour le demi-décastère.

54. La hauteur des montants varie selon la longueur des bûches. Si elles ont un mètre de longueur, la hauteur des montants est de

1 mètre pour le stère et le double stère,

1^m, 667 millim. pour le demi-décastère.

A Paris et dans plusieurs localités, les bûches ont 1^m,14 de longueur ; la hauteur des montants est alors de

0^m,88 pour le stère et le double stère,

1^m,46 pour le demi-décastère.

La hauteur des montants est, comme on le voit, d'autant plus petite que les bûches sont plus longues ; mais elle est toujours telle que le produit des trois dimensions (*longueur de la sole, longueur du bois et hauteur des montants*) donne 1 mètre cube, 2 mètres cubes ou 5 mètres cubes.

55. Les montants du stère et du double stère sont quelquefois divisés en dix parties égales : chaque division du stère représente alors un *décistère*, et chaque division du double stère, un *double décistère*.

MESURES DE CAPACITÉ.

56. Les mesures de *capacité* sont celles qu'on emploie pour mesurer les *liquides*, tels que l'eau, le vin, les liqueurs, etc. ; et les *matières sèches*, telles que le blé, l'orge, la farine, les graines, les légumes, le charbon, etc.

57. *Mesurer* une quantité donnée de *liquides* ou de *matières sèches*, c'est chercher le nombre de fois que cette quantité peut être contenue dans la mesure dont on se sert.

58. L'unité des mesures de capacité est le LITRE. C'est un vase dont la contenance est égale à un décimètre cube.

On entend par là, que le litre contient autant qu'un cube creux qui aurait intérieurement un *décimètre* de côté.

59. Les multiples du litre sont :

Le DÉCALITRE, qui vaut 10 litres ou 10 décim. cub.;

L'HECTOLITRE, qui vaut 100 litres ou 100 décim. cub.;

Le KILOLITRE, qui vaut 1.000 litres ou 1.000 décim. cub.

Les sous-multiples du litre sont :

Le DÉCILITRE, qui égale la dixième partie du litre ou 100 centimètres cubes;

Le CENTILITRE, qui égale la centième partie du litre ou 10 centimètres cubes;

Le MILLILITRE, qui égale la millième partie du litre ou 1 centimètre cube.

Le *kilolitre* n'existe pas comme mesure effective; cependant, on le fait figurer parmi les multiples du litre, parce que sa contenance équivaut à un mètre cube, et qu'il représente un volume d'eau dont le poids est égal au tonneau de mer, c'est-à-dire à *l'unité de poids* employée pour exprimer le chargement des vaisseaux.

Il n'y a pas non plus de mesure de la contenance d'un *millilitre*. — Quant à l'expression *myrialitre*, on ne s'en sert jamais.

60. Toutes les mesures de capacité employées dans le commerce ont intérieurement la forme d'un cylindre, mais leur contenance est la même que si on leur avait conservé la forme cubique.

61. La série générale des mesures de capacité commence à l'hectolitre et finit au centilitre; elle se compose, par conséquent, de treize mesures, en y comprenant les doubles et les moitiés.

L'hectolitre et le demi-hectolitre sont particulière-ment employés dans le commerce en gros pour les liquides et les graines; les autres mesures servent pour le demi-gros et le détail.

Dans le commerce en gros, les grains, le charbon de terre, etc., se mesurent avec le demi-hectolitre; mais ils se comptent en hectolitres : dans ce cas, les dixièmes représentent les décalitres, et les centièmes, les litres.

Dans le commerce en détail pour les liquides, c'est ordinairement le litre qui est pris pour unité de mesure et de compte : alors les dixièmes représentent les décilitres, et les centièmes, les centilitres.

Mesures effectives pour les liquides.

62. Les mesures *effectives* pour les liquides se divisent en trois classes, savoir :

1º Celles qui ne peuvent être établies qu'en *cuivre*, en *tôle* ou en *fonte*;

2º Celles qui ne peuvent être qu'en *étain*;

3º Celles qui ne peuvent être qu'en *fer-blanc*.

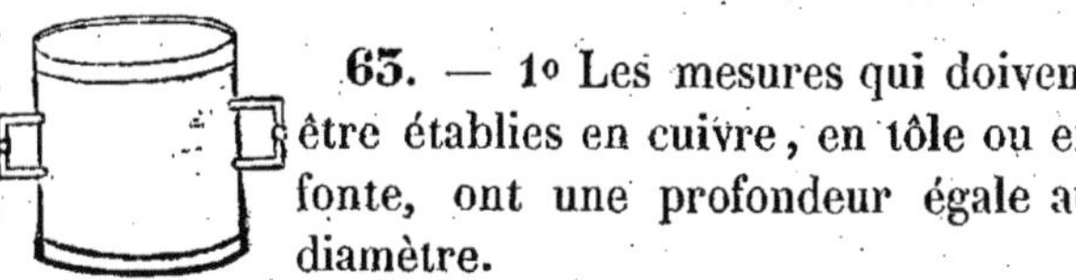

63. — 1º Les mesures qui doivent être établies en cuivre, en tôle ou en fonte, ont une profondeur égale au diamètre.

Elles sont au nombre de cinq, savoir :

L'hectolitre, Le demi-hectolitre, Le double décalitre, Le DÉCALITRE, Le demi-décalitre.

Ces mesures sont garnies de deux anses ou poignées placées sur les côtés.

Elles doivent être étamées intérieurement, afin de prévenir toute oxidation de nature à présenter quelque danger.

64. — 2º Les mesures qui doivent être établies en étain ont une profondeur double du diamètre.

Elles sont au nombre de huit, savoir :

2.

Le double litre,
Le LITRE,
Le demi-litre,
Le double décilitre,
Le DÉCILITRE,
Le demi-décilitre,
Le double centilitre,
Le CENTILITRE.

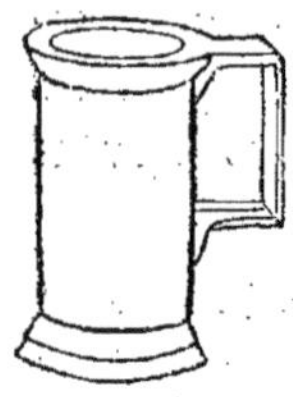

Ces mesures sont construites *avec* ou *sans couvercle*, et sont garnies d'une anse placée sur le côté.

Le nom de chacune d'elles est inscrit sur le corps de la mesure.

65. — 3º Les mesures qui ne peuvent être établies qu'en fer-blanc sont exclusivement destinées pour le *lait* et pour l'*huile*.

Elles ont une profondeur égale au diamètre.

66. Les mesures pour le lait sont au nombre de six, savoir :

Le double litre,
Le LITRE,
Le demi-litre,
Le double décilitre,
Le DÉCILITRE,
Le demi-décilitre.

Ces mesures sont garnies d'une anse en forme de crochet, également en fer-blanc.

Elles portent le nom qui leur est propre sur le cercle supérieur rabattu et servant de bordure.

67. Les mesures pour l'huile sont semblables à celles qui servent pour le lait ; mais au lieu d'un crochet, elles ont une anse comme les mesures en étain.

Elles sont au nombre de sept, savoir :

Le LITRE,
Le demi-litre,
Le double décilitre,
Le DÉCILITRE,
Le demi-décilitre,
Le double centilitre,
Le CENTILITRE.

Les mesures pour l'huile à manger sont marquées de la lettre M sur la face extérieure, et celles qu'on emploie pour mesurer l'huile à brûler sont marquées d'un B.

Mesures effectives pour les matières sèches.

68. Les mesures pour les matières sèches ont une profondeur égale au diamètre.

69. Ces mesures doivent être construites en *bois de chêne*, et établies avec solidité dans toutes leurs parties. Elles peuvent être consolidées extérieurement au moyen de plaques en tôle, et doivent être garnies à la partie supérieure d'une bordure en tôle rabattue pour en conserver les dimensions.

70. Les mesures *effectives* autorisées sont au nombre de onze, savoir :

L'HECTOLITRE,
Le demi-hectolitre,
Le double décalitre,
Le DÉCALITRE,
Le demi-décalitre,
Le double litre,
Le LITRE,
Le demi-litre,
Le double décilitre,
Le DÉCILITRE,
Le demi-décilitre.

Les plus grandes de ces mesures sont ordinairement munies, à la partie supérieure, d'une tige en fer, qui en traverse l'orifice comme un diamètre, et que l'on saisit lorsqu'on veut enlever la mesure.

Chaque mesure porte en gros caractères, sur la face supérieure, le nom qui lui est propre.

71. Quand les mesures sont garnies intérieurement de potences ou d'autres corps, la hauteur est augmentée en proportion du volume de ces objets, afin que la contenance soit toujours la même.

72. La loi permet encore de fabriquer des mesures pour les matières sèches, en *cuivre* ou en *tôle*, pourvu qu'elles soient étamées et établies avec solidité.

Questionnaire.

Mesures de volume. — 40. Qu'appelle-t-on mesures de volume? — 41. En combien de classes divise-t-on les mesures de volume? — 42. Qu'est-ce que mesurer le volume d'un corps? — 43. Quelle est l'unité des mesures de volume? Qu'est-ce que le mètre cube? — 44. Quels sont les sous-multiples du mètre cube? — 45. Qu'est-ce que le décimètre cube, le centimètre cube et le millimètre cube? — 46. Dites ce que valent le mètre cube, le décimètre cube et le centimètre cube par rapport à leurs sous-multiples, et réciproquement, ce que valent le décimètre cube, le centimètre cube et le millimètre cube par rapport à leurs multiples? — 47. Quels sont les usages du mètre cube et de ses sous-multiples? — 48. Quels rangs occupent les décimètres cubes, les centimètres cubes et les millimètres cubes dans un nombre décimal dont l'unité est le mètre cube?

Mesures pour le bois de chauffage. — 49. Quelle est l'unité des mesures de volume pour le bois de chauffage? — 50. Quels sont les multiples et les sous-multiples du stère? — 51. Quelles sont les mesures effectives pour le bois de chauffage? — 52. Faites la description des appareils dont on se sert pour mesurer le bois de chauffage. — 53. Quelle est la longueur de la sole? — 54. La hauteur des montants? — 55. Le stère et le double stère ne sont-ils pas quelquefois divisés en décistères et en doubles décistères?

Mesures de capacité. — 56. Qu'est-ce que les mesures de capacité? — 57. Qu'entend-on par mesures des liquides ou des matières sèches? — 58. Quelle est l'unité des mesures de capacité? Qu'est-ce que le litre? — 59. Quels sont les multiples et les sous-multiples du litre? — 60. Quelle est la forme des mesures de capacité employées dans le commerce? — 61. De combien de mesures se compose la série générale des mesures de capacité, et comment sont réparties ces mesures? — 62. En combien de classes divise-t-on les mesures effectives pour les liquides? — 63. Quel est le rapport entre la profondeur et le diamètre dans les mesures en cuivre, en tôle ou en fonte, et combien cette classe compte-t-elle de mesures? — 64. Dans les mesures en étain, quel est le rapport entre la profondeur et le diamètre, et combien de mesures? — 65. A quoi sont destinées les mesures établies en fer-blanc? Quelle est leur profondeur par rapport au diamètre? — 66. Quelles sont les mesures pour le lait — 67. Quelles sont les mesures pour l'huile. — 68. Quel rapport y a-t-il entre la profondeur et le diamètre dans les mesures pour les matières sèches? — 69. Comment doivent être construites ces mesures? — 70. Quelles sont les mesures effectives autorisées? — 71. Quand ces mesures sont garnies intérieurement de potences, la hauteur ne diffère-t-elle pas? — 72. Ces mesures ne peuvent-elles pas être construites autrement qu'en bois de chêne?

MESURES DE LA PESANTEUR OU POIDS.

—

73. On appelle *mesures de poids*, ou simplement *poids*, des corps solides en fer ou en cuivre, ayant une forme et des dimensions réglées par la loi, et dont on se sert pour peser.

Il ne faut pas confondre la *pesanteur* avec le *poids*. La pesanteur est la tendance qu'ont tous les corps à se diriger vers le centre de la terre. Le poids est l'effort avec lequel un corps tend à descendre : c'est l'*effet*, la *mesure* de la pesanteur.

74. L'unité génératrice des mesures de poids est le GRAMME. — C'est le poids d'un centimètre cube d'eau distillée, pesée dans le vide et ramenée à la température de 4 degrés centigrades, c'est-à-dire à son maximum de densité.

On a choisi l'eau pour servir de base aux mesures de poids, parce que de toutes les substances, c'est la plus répandue et celle qu'on peut le plus facilement obtenir pure.

On l'a distillée, afin de la dégager de tous les corps étrangers qui en auraient augmenté ou diminué le poids d'une manière irrégulière.

On l'a pesée, ou plutôt on a calculé ce qu'elle pèserait dans le vide, afin que son poids fût indépendant de la pression atmosphérique, qui est très-variable de sa nature. Ainsi, quand la pression de l'air augmente, les corps pèsent moins, et réciproquement, quand cette pression diminue, la perte de poids que subissent les corps est moins considérable, et par conséquent ils pèsent davantage. En général, un corps pesé dans l'air ou dans un liquide quelconque, éprouve dans son poids une diminution qui est toujours égale au poids du fluide dont il tient la place.

Enfin on a pris de l'eau à 4 degrés centigrades au-dessus de zéro, parce que c'est à cette température qu'elle occupe le moins d'espace, c'est-à-dire qu'elle est à son *maximum de densité*. Au-dessus ou au-dessous de cette température, ses molécules s'écartent; elle prend plus de volume, sans pour cela peser davantage.

75. Les multiples du gramme sont :

Le DÉCAGRAMME, qui vaut   10 grammes,
L'HECTOGRAMME,   —   100 grammes,
Le KILOGRAMME,   —   1.000 grammes,
Le MYRIAGRAMME,   —   10.000 grammes.

Les sous-multiples du gramme sont :

Le DÉCIGRAMME, qui vaut la   10e partie du gramme,
Le CENTIGRAMME,   —   la 100e partie du gramme,
Le MILLIGRAMME,   —   la 1.000e partie du gramme.

76. L'unité de poids usitée dans le commerce est le *kilogramme*, dont les dixièmes sont des hectogrammes; les centièmes, des décagrammes; les millièmes, des grammes, etc.

Ainsi les nombres 25 kilog., 3 et 12 kilog., 25 s'énoncent ainsi : 25 kilogrammes, 3 hectogrammes ; — 12 kilogrammes, 25 décagrammes.

77. Pour exprimer les poids considérables, on se sert du QUINTAL MÉTRIQUE, et du MILLIER OU TONNEAU DE MER.

78. Le *quintal métrique* est égal au poids d'un hectolitre d'eau ou à 100 kilogrammes ;

Le *millier*, ou *tonneau de mer*, est égal au poids d'un kilolitre d'eau ou à 1.000 kilogrammes.

79. On peut diviser les poids, par rapport à leur grosseur, en trois classes, savoir :

1° Les *gros poids*, comprenant le kilogramme et tous les poids qui sont au-dessus ;

2° Les *poids moyens*, qui vont du kilogramme jusqu'au gramme inclusivement ;

3° Les *petits poids*, qui comprennent tous les poids inférieurs au gramme jusqu'au milligramme.

Mesures effectives de poids.

80. Les poids *effectifs*, à l'usage du commerce, sont de deux sortes :

1° Ceux qui sont fabriqués en *fonte de fer*,
2° Ceux qui sont fabriqués en *cuivre*.

1° *Poids en fonte de fer.*

81. On donne aux poids en fonte de fer deux formes différentes :

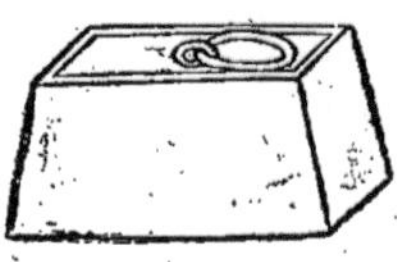

Les poids de 50 kilog. et de 20 kilog. ont la forme d'une pyramide tronquée, arrondie sur les angles, et ayant pour base un rectangle.

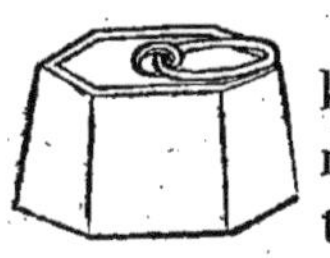

Les autres poids, depuis celui de 10 kilog. jusqu'au demi-hectog. inclusivement, ont la forme d'une pyramide tronquée dont la base est un hexagone régulier.

82. La série des poids en fonte de fer, depuis le poids de 50 kilog. jusqu'au demi-hectog. inclusivement, se compose, avec les doubles et les moitiés, de dix poids, dont les noms se trouvent indiqués dans le tableau suivant :

NOMS DES POIDS.	INDICATIONS QU'ILS PORTENT.
50 Kilogrammes..................	50 KILOG.
20 Kilogrammes..................	20 KILOG.
10 Kilogrammes..................	10 KILOG.
5 Kilogrammes..................	5 KILOG.
Double kilogramme..................	2 KILOG.
KILOGRAMME..................	1 KILOG.
Demi-kilogramme..................	1/2 KILOG.
Double hectogramme..................	2 HECTOG.
HECTOGRAMME..................	1 HECTOG.
Demi-hectogramme..................	1/2 HECTOG.

83. Ces poids sont munis à la partie supérieure d'un *lacet*, auquel est attaché un *anneau* mobile en fer forgé, qui retombe dans une rainure pratiquée sur le poids pour le recevoir.

84. Les poids en fonte doivent être évidés à la partie inférieure, pour qu'on y puisse couler du plomb, destiné à recevoir la marque du fabricant, ainsi que les empreintes des poinçons de vérification.

2⁰ *Poids en cuivre*.

85. Les poids en cuivre, depuis celui de 20 kilogrammes jusqu'au gramme inclusivement, ont la forme d'un cylindre dont la hauteur est égale au diamètre ; ils sont surmontés d'un bouton également en cuivre, dont la hauteur est égale à la moitié du diamètre.

Les petits poids d'*un* gramme et de *deux* grammes s'écartent de cette règle : ils doivent être plus larges que hauts, afin de donner la place nécessaire pour y graver d'une manière apparente le nom du poids exprimé en grammes.

86. Les poids cylindriques, jusqu'au double-hectogramme, peuvent être massifs ou contenir intérieurement une certaine quantité de plomb ; mais le volume doit toujours être le même pour les poids de même valeur.

87. La série des poids cylindriques en cuivre, en y comprenant les doubles et les moitiés, se compose de quatorze poids, dont les noms sont indiqués dans le tableau suivant, avec les volumes d'eau auxquels chacun de ces poids correspond :

NOMS DES POIDS.	INDICATIONS QUI'ILS PORTENT.	VOLUMES D'EAU AUXQUÉLS ILS CORRESPONDENT.
Double myriagramme	20 kilogrammes	20 décim. cub. ou 20 litres.
MYRIAGRAMME..	10 kilogrammes	10 id. ou 10 id.
Demi-myriagramme .	5 kilogrammes	5 id. ou 5 id.
Double kilogramme..	2 kilogrammes	2 id. ou 2 id.
KILOGRAMME...	1 kilogramme.	1 id. ou 1 id.
Demi-kilogramme ...	500 grammes...	500 centim. cub. ou 5 décil.
Double hectogramme.	200 grammes...	200 id. ou 2 id.
HECTOGRAMME..	100 grammes...	100 id. ou 1 id.
Demi-hectogramme..	50 grammes...	50 id. ou 5 centil.
Double décagramme .	20 grammes...	20 id. ou 2 id.
DÉCAGRAMME...	10 grammes...	10 id. ou 1 id.
Demi-décagramme...	5 grammes...	5 id. ou 5 millil.
Double gramme.....	2 grammes...	2 id. ou 2 id.
GRAMME.......	1 gramme....	1 id. ou 1 id.

88. Les poids inférieurs au gramme sont des lames de laiton (*cuivre jaune*) minces et carrées.

Ils servent dans la pharmacie, dans les laboratoires de physique et de chimie, et aussi pour peser les matières précieuses, comme l'or, l'argent, les diamants, etc.

Ils sont au nombre de neuf; leurs noms sont indiqués dans le tableau suivant :

NOMS DES POIDS.	INDICATIONS QU'ILS PORTENT.	VOLUMES D'EAU AUXQUELS ILS CORRESPONDENT.	
Demi-gramme.	5 Décig.	500 millimètres cubes.	
Double décigramme . .	2 Décig.	200	id.
DÉCIGRAMME	1 Décig.	100	id.
Demi-décigramme. . . .	5 C. G.	50	id.
Double centigramme. .	2 C. G.	20	id.
CENTIGRAMME	1 C. G.	10	id.
Demi-centigramme . . .	5 M. G.	5	id.
Double milligramme . .	2 M. G.	2	id.
MILLIGRAMME	1 M. G.	1	id.

89. L'unité de poids pour l'évaluation des matières précieuses est le *gramme* : les dixièmes représentent les décigrammes ; les centièmes, les centigrammes, et les millièmes, les milligrammes.

Ainsi les nombres 12^g ,3 et 4^g ,035, s'énoncent ainsi : 12 grammes 3 décigrammes ; 4 grammes 35 milligrammes, etc.

90. Il y a aussi des poids en cuivre en forme de godets ou cônes tronqués renversés, s'empilant les uns dans les autres, et qui sont renfermés dans une boîte à couvercle de même forme, qui, elle-même, est un poids légal.

Cette boîte, lorsqu'elle est vide, pèse 500 grammes ; lorsqu'elle est garnie de tous les poids inférieurs jusqu'au gramme inclusivement, elle pèse un kilogramme, car alors elle contient onze poids, savoir:

Le poids d'*un gramme*, deux fois le *double gramme*, le *demi-décagramme*, deux fois le *décagramme*, le *double décagramme*, le *demi-hectogramme*, deux fois l'*hectogramme* et le *double hectogramme*, dont la somme égale 500 grammes.

INSTRUMENTS DE PESAGE.

91. Les instruments de pesage autorisés par la loi, sont:

1° La balance à bras égaux,

2° La romaine,

3° La balance-bascule.

1° De la balance à bras égaux.

92. La balance dont on se sert dans le commerce, se compose ordinairement de trois parties principales: 1° d'une *colonne*, qui soutient l'instrument; 2° d'un *fléau* ou *levier*, qui repose par le milieu sur la colonne; 3° de deux *bassins* ou *plateaux*, suspendus par des cordons aux deux extrémités du levier.

La colonne est quelquefois remplacée par une *chape* (1), surmontée d'un anneau, au moyen duquel on suspend la balance.

Le fléau est une verge de métal au milieu de la-

---

(1) On lui donne encore le nom de *châsse*.

quelle se trouve un *couteau*, qui sert de point de suspension, et qui divise le fléau en deux parties égales, appelées les *bras* de la balance. Le tranchant de ce couteau, qui est dirigé vers le bas, repose sur des plans d'acier disposés au sommet de la colonne, ou est engagé dans les deux yeux de la chape qui remplace la colonne. Au-dessus du couteau, et perpendiculairement au fléau, s'élève une petite tige de fer, ou *aiguille*, qui indique les *oscillations* de la balance. Plus ces oscillations se font avec lenteur, plus la balance est *sensible*.

Les bassins sont ordinairement en cuivre ; ils doivent avoir le même poids, et les cordons de suspension, la même longueur.

93. Lorsqu'on veut peser un corps, on le place dans l'un des bassins de la balance, et on met dans l'autre bassin autant de poids qu'il en faut pour que l'équilibre soit établi : alors on en conclut que le corps pèse autant que les poids qu'on a employés.

On reconnaît que l'équilibre est établi quand le fléau est horizontal, c'est-à-dire lorsque l'aiguille reste dans la direction de l'ouverture de la chape, ou qu'elle marque zéro sur le cadran placé, dans les balances à colonne, au dessus de l'axe de suspension.

94. Une balance est bonne, quand le fléau se tient de lui-même dans une position horizontale, et qu'il la conserve encore quand les deux bassins ont été chargés de poids égaux.

Il suit de là que pour *vérifier une balance*, il suffit de changer de plateau les poids et le corps que l'on pèse. L'équilibre doit encore subsister : s'il n'en est pas ainsi, la balance est frauduleuse.

2° De la romaine (1).

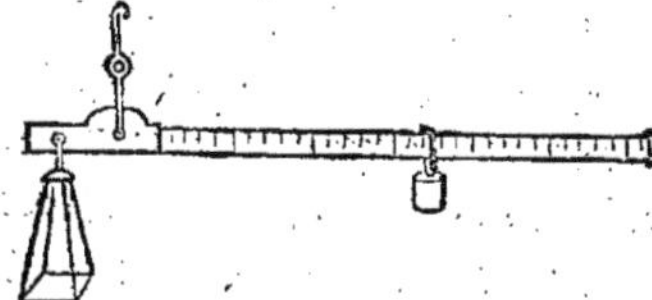

95. La romaine est une balance à bras inégaux. Elle se compose de quatre parties principales : 1° d'un *fléau*, 2° d'une *chape*, 3° d'un *plateau* ou *bassin*, 4° d'un poids *curseur*.

Le fléau est une tige de fer divisée dans sa longueur en deux parties inégales par un couteau de suspension, dont le tranchant, comme dans la balance ordinaire, est engagé dans les deux yeux de la chape qui supporte l'instrument.

A l'extrémité du bras le plus court se trouve un *plateau* ou un *crochet*, destiné à recevoir la marchandise que l'on veut peser. A l'autre bras est suspendu, par un anneau, un poids mobile et constant nommé *curseur*, qui fait équilibre à des poids d'autant plus forts qu'il est plus éloigné de l'axe de suspension. Des traits marqués le long de ce bras indiquent, par des chiffres, les poids auxquels le curseur fait équilibre quand il est placé sur chacun d'eux.

On a ordinairement deux curseurs, l'un pour les corps légers, l'autre pour les corps plus lourds : alors les deux faces du fléau sont marquées de graduations en rapport avec ces deux poids.

96. Pour graduer une romaine, voici comment on procède :

---

(1). La romaine ou balance *romaine* est ainsi appelée, parce qu'elle était d'un grand usage chez les Romains, qui l'appelaient *statera*.

3.

On place sur le plateau un poids connu, 1 kilog., par exemple. On éloigne ensuite le curseur du point de suspension jusqu'à ce que l'équilibre soit établi, puis on marque cet endroit par un trait, et on le cote du chiffre 1. On place ensuite 2 kilog. dans le plateau; on rétablit l'équilibre en éloignant le curseur, puis on marque ce point par un nouveau trait que l'on cote du chiffre 2. On porte ensuite sur toute la longueur de la tige l'intervalle compris entre les deux divisions déjà obtenues, et on marque les différents points des chiffres 3, 4, 5, etc., qui correspondent respectivement à autant de kilog. mis dans le bassin. On peut diviser ensuite chaque intervalle en deux parties égales, pour les demi-kilog., ou en cinq pour les doubles hectog., etc.

97. Une bonne romaine doit, quand on a enlevé le curseur, se tenir en équilibre, c'est-à-dire que le fléau doit rester horizontal, ce qui a lieu quand l'aiguille, placée au-dessus du couteau, reste immobile dans la direction de l'ouverture de la chape.

98. L'usage de la romaine est prohibé dans le commerce, parce qu'il peut autoriser la fraude, par la manière de placer plus ou moins exactement l'anneau du curseur sur les points de divisions; mais cet instrument est très-commode et souvent employé dans les usages domestiques, pour les pesées qui n'exigent pas une grande précision.

Les pesons, ou romaines à ressort, ne sont pas reconnus par la loi, et par conséquent ne sont pas admis à la vérification.

3. De la balance-bascule (1).

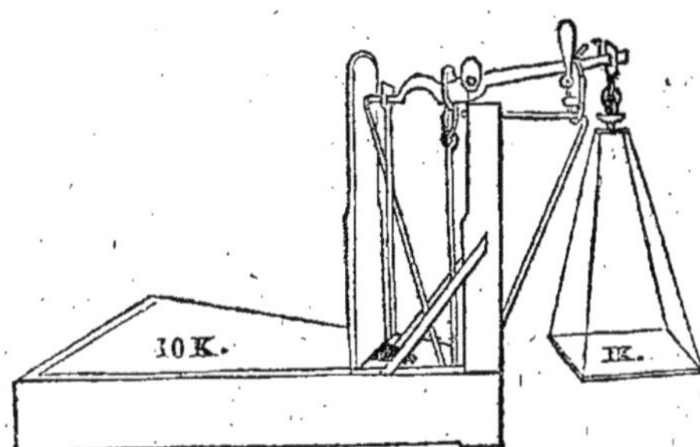

99. La balance-bascule est, comme la romaine, une balance à bras inégaux. Elle est construite sur le principe des ponts à bascule qui servent à peser les voitures.

Le grand bras supporte un plateau où l'on met les poids. De l'autre côté se trouve un *tablier*, soulevé horizontalement par deux tiges de fer, qui viennent s'adapter au petit bras, à des distances différentes du point de suspension. C'est sur ce tablier que l'on place les corps qu'il s'agit de peser. Les dispositions, dans cette balance, sont calculées de telle sorte qu'un poids quelconque, mis sur le plateau, fait équilibre à un autre poids dix fois plus fort placé sur le tablier: on dit alors que la bascule *pèse au dixième*.

Dans les chantiers on fait usage d'une balance semblable pour le bois de chauffage qui se vend au poids : elle pèse au *centième*.

100. La balance-bascule est très-fréquemment employée dans le commerce en gros, dans le roulage, dans

---

(1) Cette balance a été inventée par MM. Quintenz et Rollé de Strasbourg, d'où lui est venu le nom de *Balance Quintenz*, qu'on lui donne quelquefois. Un arrêté ministériel, en date du 28 août 1824, en a autorisé l'emploi pour le commerce en gros.

les usines, etc.; elle rend le travail du pesage très-expéditif, et a sur les balances ordinaires l'avantage de n'exiger qu'un très-petit nombre de poids, ce qui charge peu les couteaux, et rend l'instrument susceptible d'une plus grande sensibilité.

Questionnaire.

73. Qu'appelle-t-on mesures de poids ? — 74. Quelle est l'unité génératrice des poids ? Qu'est-ce que le gramme ? — 75. Quels sont les multiples et les sous-multiples du gramme ? — 76. Quelle est l'unité de poids usitée dans le commerce ? — 77. De quelles unités se sert-on pour exprimer les poids considérables ? — 78. Qu'est-ce que le quintal métrique ? le millier ? — 79. En combien de classes peut-on diviser les poids, par rapport à leur grosseur ? — 80. De combien de sortes sont les poids effectifs à l'usage du commerce ? — 81. Quelles formes ont les poids effectifs en fonte de fer ? — 82 De combien de poids se compose la série des poids en fonte ? Nommez-les ? — 83. De quoi sont-ils munis à la partie supérieure ? — 84. Pourquoi sont-ils évidés à la partie inférieure ? — 85. Quelle est la forme des poids en cuivre supérieurs au gramme ? — 86. Quels sont les poids qui peuvent être massifs ou creux ? — 87. De combien de poids se compose la série des poids en cuivre ? Nommez-les ? — 8?. Quelle est la forme des poids en cuivre inférieurs au gramme ? A quoi servent-ils ? Nommez-les. — 89. Quelle est l'unité de poids dont on se sert pour l'évaluation des matières précieuses ? — 90. N'existe-t-il pas des poids en forme de godets ? — 91. Quels sont les instruments de pesage autorisés par la loi ? — 92 Faites la description de la balance à bras égaux ? — 93. Comment pèse-t-on un corps avec la balance ? — 94. A quoi reconnaît-on qu'une balance est bonne, et comment s'y prend-on pour vérifier une balance ? — 95 Faites la description de la romaine ? — 96. Comment s'y prend-on pour graduer une romaine ? — 97. A quoi reconnaît-on une bonne romaine ? — 98. Quels sont les usages de la romaine ? — 99. Faites la description de la balance-bascule ? — 100. Quels sont les usages de la balance-bascule ?

MONNAIES (1).

—

101. On appelle *monnaies* des pièces de métal frappées à l'effigie d'un prince ou d'un état souverain, et dont on se sert pour évaluer le prix ou la valeur commerciale des marchandises.

102. L'unité des monnaies est le FRANC : c'est une

---

(1) Le mot monnaie est dérivé du latin *moneta*, fait de *monere*, *avertir*, parce que le type du prince avertit qu'il n'y a point eu de fraude dans la fabrication.

pièce d'argent pesant 5 grammes, et contenant les $\frac{9}{10}$ de son poids d'argent pur et $\frac{1}{10}$ de cuivre.

103. Le franc n'a pas de multiples décimaux. On dit, en se servant des nombres ordinaires : 10 francs, 100 francs, et non un *décafranc*, un *hectofranc*, etc.

Les sous-multiples décimaux du franc sont :

Le DÉCIME, ou dixième partie du franc ;

Le CENTIME, ou centième partie du franc.

Dans le calcul, on compte par *francs* et par *centimes* : on n'écrit en *décimes* que la taxe des lettres.

104. Dans un nombre décimal dont l'unité est le franc, les décimes occupent le rang des dixièmes, et les centimes, le rang des centièmes.

Ainsi, le nombre 5 ^{fr}·,25 se compose de 5 francs, 2 décimes, 5 centimes, et s'énonce ainsi : 5 francs, 25 centimes.

105. Si le nombre à exprimer renferme des unités plus petites que le centime, on énonce d'abord les francs et les centimes, puis le reste de la partie décimale, en lui donnant le nom de sa dernière unité.

Ainsi, le nombre 3^{fr}·,6528 s'énonce ainsi : 3 francs, 65 centimes, 28 dix-millièmes.

Monnaies effectives.

106. Il y a actuellement douze pièces de monnaie en circulation, savoir : trois en or, six en argent et trois en cuivre. La valeur, le poids et le diamètre de chacune d'elles, se trouvent indiqués dans le tableau suivant :

4

INDICATION et VALEUR DES PIÈCES.	POIDS DE CHAQUE PIÈCE.	DIAMÈTRE DE CHAQUE PIÈCE.
	fr.	gr.	
En or.... {	40	12,9032	26 millimètres.
	20	6,4516	21 —
	10	3,2258	18. —
En argent. {	5	25	37 —
	2	10	27. —
	1	5	23 —
	0,50	2,5	18 —
	0,25	1,25	15 —
	0,20	1	15 —
En cuivre. {	0,10	20	31 —
	0,05	10	27 —
	0,01	2	18 —

Depuis 1839, il n'est plus frappé de pièces de 40 francs.

La pièce de 25 centimes doit cesser d'avoir cours; on commence à la retirer de la circulation. La pièce de 20 centimes a été créée pour la remplacer.

107. La valeur des monnaies est subordonnée à celle de l'argent.

D'après la loi,

La monnaie d'argent vaut, *à poids égal*, 40 fois plus que la monnaie de cuivre;

La monnaie d'or vaut 15 fois 1/2 plus que la monnaie d'argent, et $15\frac{1}{2} \times 40$ ou 620 fois plus que la monnaie de cuivre.

Réciproquement :

A valeur égale,

La monnaie d'argent pèse 40 fois moins que la monnaie de cuivre;

La monnaie d'or pèse 15 fois 1/2 moins que la monnaie d'argent, et 620 fois moins que la monnaie de cuivre.

108. Les pièces de monnaie ont des diamètres tels qu'on obtient la longueur du mètre en mettant à la suite les unes des autres, sur une même ligne droite :

1º 20 pièces de 2 fr. et 20 pièces de 1 fr.,

2º 19 pièces de 5 fr. et 11 pièces de 2 fr.,

3º 11 pièces de 40 fr. et 34 pièces de 20 fr.,

4º 32 pièces de 40 fr. et 8 pièces de 20 fr.,

5º 26 pièces de 40 fr. et 18 pièces de 10 fr. (ou de 50 centimes).

27 pièces de 5 fr., placées de la même manière, donnent 999 millimètres, c'est-à-dire la longueur du mètre moins un millimètre.

Pour obtenir la longueur exacte du mètre au moyen des combinaisons que nous venons d'indiquer, il faut autant que possible, prendre des pièces frappées sous l'Empire et la Restauration, parce qu'alors la légende était gravée en creux sur la tranche ; tandis que depuis 1830, elle est frappée en relief sur les pièces d'or et les pièces de 5 fr., ce qui exige quelque précaution pour mettre ces pièces en contact. —Depuis la même époque, les pièces de 2 fr., de 1 fr., de 50 cent., de 25 cent. et de 20 cent., sont cannelées sur tranche.

109. On appelle *titre* des monnaies, la quantité d'or ou d'argent pur qui entre dans la composition du métal dont on fait les pièces de monnaie : ce titre s'exprime en millièmes.

110. Les monnaies d'or et d'argent, en France, renferment 9 dixièmes de fin, c'est-à-dire d'or ou d'argent pur, et 1 dixième d'alliage ou de cuivre (1), ce qu'on exprime, en terme de monnaie, en disant qu'elles sont au titre de 0,900 (*millièmes*).

Ainsi, un kilogramme de monnaie d'or ou d'argent, renferme 9 hectog. de métal pur et 1 hectog. de cuivre.— Une pièce de 5 fr., qui pèse 25 gr., contient 25 gr. $\times$ 0,9 ou 22 gr.,5 d'argent pur et 2 gr.,5 décig. de cuivre, etc. En général, pour connaître la quantité de fin qu'il y a dans une pièce de monnaie, il suffit de multiplier son poids par 0,9.

111. L'alliage des pièces de monnaie sert à donner au métal plus de dureté, à le rendre plus propre à résister à l'action du *frai*, c'est-à-dire à la diminution de poids produite par le frottement et la circulation.

112. Comme il serait très-difficile de fabriquer des pièces de monnaie ayant rigoureusement le poids légal, la loi tolère une petite erreur, en plus ou en moins, sur le poids de chaque pièce : cette erreur s'appelle *tolérance de poids*.

113. La tolérance en plus ou en moins est :

Pour les pièces de 40 fr. et de 20 fr., des 2 ╲ millièmes
Pour la pièce de 5 francs , ... des 3 ⎞ du
Pour les pièces de 2 fr. et de 1 fr., . des 5 ⎬ poids
Pour le pièces de 50 centimes, . . . des 7 ⎠ total
Pour les pièces de 25 c. et de 20 c., des 10 ╱ de la pièce.

Pour les pièces de cuivre, la tolérance est, en *plus* seulement, des 20 millièmes du poids de la pièce.

114. La loi tolère également une petite erreur sur le titre des monnaies, et sur celui des ouvrages

---

(1) L'alliage des pièces de monnaie est toujours du cuivre, et non de l'*argent* dans les pièces d'or, comme il est dit dans quelques ouvrages.

d'orfèvrerie et de bijouterie : cette erreur s'appelle *tolérance de titre.*

115. Pour les monnaies d'argent, la tolérance est de 3 millièmes, en plus ou en moins, et pour les monnaies d'or, de 2 millièmes seulement ; c'est-à-dire que le titre des pièces d'argent peut varier de 0,903 à 0,897, et celui des pièces d'or, de 0,902 à 0,898.

116. Les monnaies ont deux valeurs : une valeur *nominale* et une valeur *intrinsèque.*

117. La valeur nominale d'une pièce de monnaie est la quantité de francs pour laquelle elle circule, et sa valeur intrinsèque, celle de la quantité de métal fin qu'elle contient.

118. La valeur *nominale* d'un kilogrammme d'argent monnayé (c'est-à-dire sa valeur intrinsèque, plus les frais de fabrication), est de . . . .   200 fr.

Celle d'un kilogramme d'or monnayé est de 15 fois 1/2 plus, ou . . . .   3100 fr.

Les frais de monnayage et bénéfices alloués aux directeurs des monnaies, avaient été fixés d'abord à 9 fr. par kilog. d'or et à 3 fr. par kilog. d'argent ; l'ordonnance royale du 25 février 1835 les réduisit à 6 fr. pour le kilog. d'or et à 2 fr. pour le kilog. d'argent. Enfin cette dernière somme a été réduite à 1 fr. 50, par un décret en date du 15 septembre 1849.

Il résulte de là, que :

119. La valeur *intrinsèque* d'un kilog. d'argent au titre des monnaies, est de . . . .   198 fr. 50

Celle d'un kilogramme d'or, de. . . . 3094 fr.

La valeur des matières d'or ou d'argent dépend de leur titre, c'est-à-dire de la quantité de fin qu'elles renferment : quant à l'alliage on n'en tient aucun compte. Il résulte de là, que si un kilog. d'argent à 0,900 millièmes vaut, sans être monnayé, 198 fr. 50, cette somme est réellement la valeur des 9 hectog. d'argent pur que contient ce kilog. Or, si

9 hectog. d'argent pur valent 198 fr. 50, un hectog. vaut $\frac{198\,fr.\,50}{9}$, et
10 hectog. ou 1 kilog., $\frac{198\,fr.\,50 \times 10}{9}$ où 220 fr., 555......

On prouverait, par un raisonnement analogue, que si le kilog. d'or au titre des monnaies, c'est-à-dire à 0,900, vaut 3094 fr., l'or pur, c'est-à-dire à $\frac{1000}{1000}$, vaut 3437 fr., 777....

Ainsi:

120. Un kilogramme d'argent pur vaut   220 fr. 56
Un kilogramme d'or pur vaut. . . . . . 3437 fr. 78

121. Autrefois il y avait en France 13 hôtels de monnaie, ayant chacun une marque particulière. Six ont été supprimés en 1837, savoir, ceux de

> BAYONNE, dont la marque était **L.**
> LIMOGES, ... **I.**
> NANTES, ... **T.**
> PERPIGNAN, ... **Q.**
> LA ROCHELLE, ... **H.**
> TOULOUSE, ... **M.**

Il reste maintenant les hôtels de

> PARIS, dont la marque est **A.**
> BORDEAUX, ... **K.**
> LILLE, ... **W.**
> LYON, ... **D.**
> MARSEILLE, un A dans une **M.**
> ROUEN, ... **B.**
> STRASBOURG, ... **BB.**

Toutes les pièces de monnaie portent la lettre de l'hôtel où elles ont été frappées. Cette marque se trouve au bas de la face opposée à l'effigie du souverain, entre la couronne et le cordon.

OUVRAGES D'OR OU D'ARGENT.

122. Dans la bijouterie et l'orfèvrerie, il y a trois titres légaux pour l'or, et deux titres pour l'argent.

Pour l'or,

Le 1ᵉʳ titre est de 0,920 (*millièmes*) ;

Le 2ᵉ, — de 0,840 ;

Le 3ᵉ, — de 0,750.

Pour l'argent,

Le 1ᵉʳ titre est de 0,950 (*millièmes*) ;

Le 2ᵉ, — de 0,800.

123. La loi tolère 3 millièmes d'erreur, en plus ou en moins, sur le titre des ouvrages d'or, et 5 millièmes sur celui des ouvrages d'argent.

124. Les ouvrages d'or ou d'argent, avant d'être livrés au commerce, doivent être présentés aux bureaux de garantie pour y être frappés d'un poinçon spécial qui en indique le titre : la marque qui en résulte porte le nom de *contrôle*.

Les poinçons qu'on emploie portent les chiffres 1, 2 ou 3, selon le titre. Lorsque les ouvrages présentés au contrôle ne sont pas au titre annoncé par le fabricant, ils reçoivent la marque du titre immédiatement au-dessous, et ils sont brisés si le titre est trouvé inférieur au dernier titre légal.

125. Le droit de contrôle pour les ouvrages d'orfèvrerie et de bijouterie, est de 200 fr. par kilogramme d'or, et de 10 fr. par kilogramme d'argent. On paie en outre *un décime par franc*, comme sur les autres impôts indirects.

Questionnaire.

101. Qu'appelle-t-on monnaies ? — 102. Quelle est l'unité des monnaies ? Qu'est-ce que le franc ? — 103. Quels sont les multiples et les sous-multiples du franc ? — 104. A quels rangs se trouvent les décimes et les centimes dans un nombre décimal dont l'unité est le franc ? — 105. Comment exprime-t-on les unités plus petites que le cen-

time? — 106. Faites connaître la sérié des pièces de monnaie, ainsi que le poids et le diamètre de chaque pièce? — 107. Dites quelle est la valeur relative des monnaies d'or, d'argent et de cuivre, à poids égal; et réciproquement, leur poids à valeur égale? — 108. Comment peut-on obtenir la longueur du mètre avec des pièces de monnaie? — 109. — Qu'appelle-t-on titre des monnaies? — 110. Faites connaître le titre des monnaies de France? — 111. A quoi sert l'alliage des pièces de monnaie? — 112. La loi ne tolère-t-elle pas une petite erreur sur le poids des monnaies? — 113. Faites connaître la tolérance accordée sur le poids de chaque pièce? — 114. La loi ne tolère-t-elle pas une petite erreur sur le titre des monnaies d'or et d'argent, et sur celui des ouvrages d'orfèvrerie et de bijouterie? — 115. Faites connaître la tolérance sur le titre des monnaies d'or et sur celui des monnaies d'argent? — 116. Combien les monnaies ont-elles de valeurs? — 117. Qu'appelle-t-on valeur nominale et valeur intrinsèque d'une pièce de monnaie? — 118. Quelle est la valeur nominale d'un kilog. d'argent et celle d'un kilog. d'or monnayés? — 119. Quelle est la valeur intrinsèque d'un kilog. d'argent et celle d'un kilog. d'or à 900 millièmes, c'est-à-dire au titre des monnaies? — 120. Quelle est la valeur d'un kilog. d'argent pur et celle d'un kilog. d'or pur? — 121. Combien y avait-il autrefois d'hôtels de monnaie en France. Faites-les connaître. — 122. Combien la loi reconnaît-elle de titres pour les ouvrages d'or ou d'argent? Quels sont ces titres? — 123. Combien la loi tolère-t-elle d'erreur sur le titre des ouvrages d'or, et combien sur celui des ouvrages d'argent? — 124. Avant d'être livrés au commerce, ces ouvrages ne doivent-ils pas être frappés du poinçon du gouvernement? — 125. Combien paie-t-on pour le droit de contrôle?

OBSERVATIONS COMPLÉMENTAIRES.

—

Les poids et mesures, ainsi que les instruments de pesage nouvellement fabriqués ou rajustés, doivent être présentés au bureau de vérification de l'arrondissement, pour y être vérifiés et poinçonnés, avant d'être livrés au commerce.

Ils doivent porter, d'une manière distincte et lisible, le nom qui leur est affecté par le système métrique, ainsi que le nom ou la marque du fabricant.

Outre la vérification primitive, les poids et mesures et instruments de pesage sont soumis à une vérification périodique, pour reconnaître si leur conformité avec les étalons n'a pas été altérée.

Chacune de ces vérifications est constatée par l'application d'un poinçon nouveau.

Tout acheteur a le droit de s'assurer si les poids et les mesures dont se sert le vendeur, pour peser ou mesurer ses marchandises, sont exacts et conformes à la loi.

SECONDE PARTIE.

PRATIQUE.

MESURES DE LONGUEUR.

MÈTRE.

EXERCICES. — 1. Écrire en chiffres et rapporter au mètre chacun des nombres suivants :

1º Six mèt., 3 décim.; 2º cinq hectom., quatre mèt., 3º six kilom., 8 décam.; 4º trois décam., cinq millim.; 5º neuf myriam., sept hectom.

2. 1º Combien le myriam. vaut-il de décam.? 2º le kilom., d'hectom.? 3º l'hectom., de décim.? 4º le décim., de centim.? 5º le décim., de millim.?

3. 1º Qu'est-ce que l'hectom. par rapport au myriam.? 2º le mèt. par rapport au kilom.? 3º le centim. par rapport au décam.? 4º le millim. par rapport à l'hectom.?

4. 1º Comment appelle-t-on la millième partie d'un myriam.? 2º la centième partie d'un décam.? 3º la millième partie d'un hectom.?

5. Écrire la valeur des nombres suivants :

1º $3^m,05$; 2º $12^{hectom.},002$; 3º $6^{kilom.},25$; 4º $2^{myriam.},0002$; 5º $3^{décam.},07$.

4.

6. Rapporter au centim. chacun des nombres suivants :

1º 4^m,3 ; 2º 6^{hectom.},03 ; 3º 12^m,006 ; 4º 9^{décam.},08 ; 5º 1^{kilom.},03.

7. Si le mètre coûte 6^{fr.},50, dites ce que coûtent : 1º un décim.; 2º un centim.; 3º un millim.

8. Exprimer la longueur de la circonférence de la Terre : 1º en hectom.; 2º en kilom.; 3º en myriam.

Problèmes. — **9.** Additionner les nombres suivants, et rapporter le résultat au mètre :

1º 8 myriam., 12 hectom., 5 décam.; 2º 8 kilom., 36 mèt.; 3º 165 décam., 6 mèt.; 4º 2 hectom., 3 décim.; 5º 8 décim., 25 millim.

10. Retrancher 25 décam. 8 décim., de 8 hectom. 16 mèt., et exprimer le résultat en centim.

11. Le prix d'un mètre de drap est de 12^{fr.},65, combien coûtent à proportion 28 décim. du même drap ?

12. Un commis voyageur fait par jour 55 kilom. de chemin. Combien d'hectom. aura-t-il parcourus après dix-huit jours de marche ; et s'il reçoit pour frais de voyage 0^{fr.},90 par myriam., combien lui sera-t-il dû ?

13. Pour 0^m,65 de calicot, on a payé 0^{fr.},78 : à combien reviennent : 1º le mètre, 2º le décim.?

14. Sur une route de 26 kilom. on a planté deux rangées d'arbres, distants les uns des autres de 3^m,25. Combien y a-t-il d'arbres en tout ?

15. J'ai acheté trois pièces de velours; la première contient 28^m,50, la deuxième 14^m,05, la troisième 3o^m,4. J'ai payé le tout à raison de 1^{fr.},50 le décim. : combien ai-je déboursé ?

16. On sait que la lumière du Soleil arrive à la Terre en 8 minutes, 13 secondes. Combien parcourt-elle de mètres par seconde, sachant que la distance du Soleil à la Terre est de 153.323.000 kilom.?

17. On arrive au sommet d'un édifice qui a 140 mètres de hauteur, par un escalier dont les marches ont chacune 20 centim. Combien y a-t-il de marches à monter?

18. Deux courriers, qui suivent la même route, et vont à la rencontre l'un de l'autre, partent l'un de Paris, l'autre de Dijon ; le premier fait 15 kilom. en deux heures, le second 12 kilom. en une heure et demie. A combien de mètres seront-ils l'un de l'autre, lorsqu'ils auront marché 16 heures, sachant que la distance de Paris à Dijon est de 30 myriam. 5 kilom.?

MESURES DE SURFACE.

1º MÈTRE CARRÉ.

EXERCICES. — **19.** Écrire en chiffres et rapporter au mètre carré chacun des nombres suivants :

1º Douze mèt. car., huit décim. car. ; 2º six mèt. car., vingt-cinq millim. car. ; 3º quarante-cinq décim. car., quatre centim. car. ; 4º douze centim. car., trente-six millim. car.

20. 1º Combien l'hectom. car. vaut-il de décim. car.? 2º le décam. car., de centim. car.? 3º le centim. car., de millim. car.? 4º le kilom. car., de décam. car.? 5º le myriam. car., de kilom. car.?

21. 1º Qu'est-ce que le décim. car. par rapport à l'hectom. car.? 2º le millim. car. par rapport au décim. car.? 3º le décam. car. par rapport au kilom. car.? 4º l'hectom. car. par rapport au kilom. car.?

22. 1º Comment appelle-t-on la centième partie d'un décim. car.? 2º la dix-millième partie d'un myriam. car.? 3º la millionième partie d'un kilom. car.? 4º la centième partie d'un centim. car.?

23. Ecrire la valeur des nombres suivants :

1º 14 m. car.,356 ; 2º 2 décim. car.,0532 ; 3º 25 cent. car.,3 ; 4º 12 kilom. car.,5.

24. Rapporter au décam. car. les nombres suivants :

1º 45 hectom. car.,3 ; 2º 6 kilom. car.,15 ; 3º 1 m. car.,053 ; 4º 12 décim. car.,5 ; 5º 15 myriam. car.,027.

25. Si le mètre carré coûte 25 fr. 30, combien coûtent : 1º un décim. car., 2º un centim. car., 3º un millim. car. ?

26. Si le centim. car. vaut 0 fr.,003, combien valent : 1º un mèt. car., 2º un décim. car., 3º un millim. car. ?

27. Combien y a-t-il de mètres carrés dans chacun des nombres suivants :

1º 256 décim. car. ; 2º 25.316 centim. car. ; 3º 1.752.454 millim. car.

28. Combien y a-t-il d'hectom. car. dans chacun des nombres suivants :

1º 25 myriam. car. ; 2º 175 kilom. car.?

PROBLÈMES. — 29. Quelle est la superficie totale, évaluée en mètres carrés, de trois plaques de tôle qui ont : la première, 25 décim. car., 3 centim. car. ; la deuxième, 75 centim. car. ; la troisième, 2 mèt. car., 72 centim. car. ?

30. Combien paiera-t-on pour la peinture à l'huile de deux murs qui ont : le premier, 28 mèt. car., 5 décim. car. ; le second, 36 mèt. car., 75 centim. car. ; le tout étant payé à raison de 0 fr.,03 le décim. car.?

31. Une salle de 9^m,50 de longueur sur 6^m,30 de largeur, doit être carrelée avec des carreaux ayant chacun 5 décim. car. : combien en faudra-t-il ?

32. Combien y a-t-il de centim. car. dans la vingtième partie de 3 décim. car. ?

33. Pour planchéier une chambre qui a 21$^{m.\ car.}$,6 de superficie, on a employé des planches ayant chacune 45 décim. car. : combien en a-t-il fallu ?

34. Combien faut-il payer pour une plaque de cuivre de 36 décim. car., à raison de 6$^{fr.}$,50 le mèt. car. ?

35. On veut diviser en 150 plates-bandes égales un jardin de forme rectangulaire qui a 175 mètres de longueur sur 46^m,50 de largeur : quelle sera l'étendue de chaque plate-bande, si les sentiers occupent le quart de la superficie totale ?

36. Cinq cantons d'égale étendue ont ensemble 18 myriam. car. : quelle est la superficie de chaque canton exprimée en hectom. car. ?

37. Trois communes, avec leur territoire, ont chacune une étendue de 85$^{kilom.\ car.}$,5 : quelle est leur superficie totale exprimée en myriam. car. ?

2° ARE.

EXERCICES. — 38. Ecrire en chiffres et rapporter à l'are :

1° Quinze hectares, trente-cinq centiares ; 2° douze hectares, deux ares ; 3° six hectares, douze ares, quatre centiares ; 4° dix-huit centiares ; 5° cent vingt-cinq hectares, trois ares, six centiares.

39. 1° Combien l'hectare vaut-il d'ares ? 2° l'are, de centiares ? 3° l'hectare, de centiares ?

40. 1° Qu'est-ce que l'are par rapport à l'hectare ?

5

2º le centiare par rapport à l'are? 3º le centiare par rapport à l'hectare?

41. Écrire la valeur des nombres suivants :

1º 12$^{hectar.}$,02 ; 2º 6^{ares},3 ; 3º 40$^{hectar.}$,926 ; 4º 30^{ares},37.

42. Combien y a-t-il de centiares dans les nombres suivants :

1º 25$^{hectar.}$,3 ; 2º 36 ares ; 3º 5^{ares},6 ?

43. Rapporter à l'hectare chacun des nombres suivants :

1º 8^{ares},5 ; 2º 73 centiares.

44. Rapporter au centiare, puis à l'are et à l'hectare, chacun des nombres suivants :

1º 2.135 mèt. car. ; 2º 536$^{m. car.}$,8 ; 3º 275.625 déci. car.

45. 1º Combien l'are vaut-il de décim. car.? 2º l'hectare de mèt. car.? 3º le centiare de cent. car.?

46. 1º Qu'est-ce que le décim. car. par rapport à l'are? 2º le mèt. car., par rapport à l'hectare? 3º le centim. car. par rapport à l'are? 4º le décam. car. par rapport à l'hectare?

47. Rapporter à l'hectom. car., puis au kilom. car., les nombres suivants :

1º 375$^{hectar.}$,36 ; 2º 2.518^{ares},4 ; 3º 5.840$^{hectar.}$,075.

48. Combien y a-t-il d'hectares dans chacun des nombres suivants ;

1º 35 kilom. car. ; 2º 4$^{myriam. car.}$,55 ; 3º 490.000$^{m. car.}$?

Problèmes. — **49.** Une propriété se compose d'une vigne de 2 hectares, 36 ares, 5 centiares; d'un champ de 575 ares, 25 centiares ; d'un pré de 12 hectares, 45 centiares , et d'un jardin de 125 ares : quelle est la superficie totale de cette propriété?

50. Dans un parc de 15 hectares, les allées occu-

pent une superficie de 2.540 mèt. car. Combien reste-
t-il d'ares pour les arbres et les plantations ?

51. Une personne a acheté trois pièces de terre :
la première contient 11 hectares, 75 ares ; la deuxième
450 ares, et la troisième 5 hectares, 2 ares, 9 centiares. Elle en a revendu une première fois 1.260 ares,
une seconde fois 6 hectares , 75 centiares : combien
lui reste-t-il encore de mèt. car.?

52. On demande le prix d'un champ de 36 ares,
8 centiares, qui a été payé à raison de 3.200 fr. l'hect.

53. Combien faudra-t-il de temps pour faire défri-
cher deux terrains contenant chacun 8 hectares, 12
ares, 50 centiares, si les ouvriers qu'on emploie en
défrichent 25 ares par jour ?

54. Combien y a-t-il de mèt. car. dans les $\frac{2}{5}$ de
12 hectares ?

55. La superficie du département de la Seine étant
de 47.500 hectares, on demande combien elle est
contenue de fois dans la superficie totale de la France,
qui est de 527.686 kilom. car.?

56. On a acheté un pré de forme rectangulaire
ayant 125 mètres de longueur sur 47^m,60 de largeur, à raison de 56 fr. l'are. Combien l'a-t-on payé ?

57. Une forêt a 25 kilom. de longueur et 15 kilom.
de largeur. Combien contient-elle d'hectares en superficie ?

58. Deux compagnies, l'une de 25 ouvriers, l'autre
de 20, tous également habiles, ont fait le défrichement
d'une pièce de terre en 8 jours. On demande : 1º quelle
est la contenance de cette pièce de terre ; 2º combien
chaque ouvrier a fait de mètres car. par jour ; sachant
que la première compagnie a défriché 43 ares, 20 centiares de plus que la seconde ?

MESURES DE VOLUME.

1º MÈTRE CUBE.

EXERCICES. — **59.** Écrire en chiffres et rapporter au mètre cube :

1º Six mèt. cub., quarante - cinq décim. cub.; 2º trois cent soixante-quinze mèt. cub., cinquante-six centim. cub.; 3º quarante mèt. cub., seize décim. cub., trois cent cinquante centim. cub.; 4º quatorze décim. cub., cent soixante-cinq centim. cub. ; 5º neuf cent soixante-quinze centim. cub., vingt-huit millim. cub.

60. 1º Combien le mèt. cub. vaut-il de centim. cub.? 2º le décim. cub., de centim. cub.? 3º le mèt. cub., de millim. cub.? 4º le décim. cub., de millim. cub.? 5º le centim. cub. de millim. cub.?

61. 1º Qu'est-ce que le millim. cub. par rapport au centim. cub.? 2º le centim. cub. par rapport au mèt. cub.? 3º le millim. cub. par rapport au décim. cub.? 4º le millim. cub. par rapport au mèt. cub.?

62. 1º Comment appelle-t-on la millième partie d'un décim. cub.? 2º la millionième partie d'un mèt. cub.? 3º la billionième partie d'un mèt. cub.?

63. Écrire la valeur des nombres suivants :

1º 6$^{\text{m. cub.}}$,276 ; 2º 14$^{\text{m. cub.}}$,0185 ; 3º 0$^{\text{m. cub.}}$,05692; 4º 2$^{\text{m. cub.}}$,0106525 ; 5º 0$^{\text{m. cub.}}$,00006; 6º 0$^{\text{m. cub.}}$,0000008.

64. Rapporter au centim. cub., puis au décim. cub., les nombres suivants :

1º 12 mèt. cub., 3 décim. cub.; 2º 275 décim. cub., 25 centim. cub.; 3º 175 mèt. cub., 36 millim. cub.; 4º 30 décim. cub., 3 millim. cub.

65. Combien y a-t-il de centim. cub. dans les $\frac{4}{5}$ de 18 mèt. cub., 3 décim. cub.?

66. Si le mètre cube coûte 56 fr.,20, combien coûtent : 1o le décim. cub., 2o le centim. cub.?

67. Si 100 décim. cub. coûtent 12 fr.,50, combien coûtent : 1o un mèt. cub., 2o un décim. cub., 3o un centim. cub.?

68. Combien y a-t-il de décim. cub. dans les nombres suivants :

1o 25 m. cub.,3; 2o 0 m. cub.,27625; 3o 3.765 centim. cub.; 4o 1.756.025 millim. cub.?

PROBLÈMES. — **69.** Trois blocs de pierre contiennent : le premier, 4 mèt. cub., 25 décim. cub.; le deuxième, 950 décim. cub.; le troisième, 2 mèt. cub., 360 décim. cub., 935 centim. cub. Combien y a-t-il de décim. cub. dans ces trois blocs réunis ?

70. Quatre ouvriers terrassiers ont creusé un fossé de 25 m.,3 de longueur sur 3m.,55 de largeur et 0m.,95 de profondeur. Combien leur doit-on à raison 0 fr.,75 le mèt. cub.?

71. Combien pourrait-on mettre de boîtes ayant chacune 125 centim. cub. dans une caisse dont la contenance est de 1 mèt. cub., 792 décim. cub. ?

72. Quelle est l'épaisseur d'un mur qui a 15 m,60 de longueur sur 8 m.,50 de hauteur, et qui a coûté 928 fr.,50, sachant que le mèt. cub. a été payé 17 fr.,50 ?

73. Combien faudrait-il de brouettées de terre de 62 décim. cub.,5 pour remplir un fossé de 15 mèt. de longueur, sur 2 m,50 de largeur et 0 m,90 de profondeur?

74. Un bassin dont la superficie est de 150 m. car.,60 peut contenir 263 m. cub.,550 d'eau. Combien a-t-il de profondeur?

75. Combien faut-il de briques de 2 décim. cub.,040 pour construire un mur de 33 m,15 de longueur sur

5 mètres de hauteur et 0^m,40 d'épaisseur, s'il y entre un cinquième de mortier?

76. On a acheté trois blocs de pierre de taille. Le premier est égal aux $\frac{3}{4}$ du second, plus 250 décim. cub.; le deuxième est égal au double du troisième, moins 56 décim. cub., et le troisième contient 2 mèt. cub., 30 décim. cub. Combien a-t-on déboursé pour le tout, si le mètre cub. a été payé à raison de 18^{fr},50?

77. Deux compagnies d'ouvriers également habiles, ont construit dans le même temps: la première, un mur de 175^m,25 de longueur sur 3^m,30 de hauteur et 0^m,50 d'épaisseur; la seconde, un autre mur de 154^m,22 de longueur sur 1,50 de hauteur et 0^m,25 d'épaisseur. Combien y a-t-il d'ouvriers dans cette compagnie, s'il y en a 35 dans la première?

2° STÈRE.

EXERCICES. — **78.** Ecrire en chiffres et rapporter au stère:

1° Cinq décast., trois st.; 2° vingt-cinq st., six décist.; 3° huit décist.; 4° neuf décast., trois décist.

79. 1° Combien le décast. vaut-il de stères? 2° le stère, de décist.? 3° le décast., de décist.?

80. 1° Qu'est-ce que le décist. par rapport au stère? 2° le stère par rapport au décast.? 3° le décist. par rapport au décast.?

81. Combien y a-t-il de décist. dans les nombres suivants:

1° 13$^{décast.}$,5; 2° 8$^{st.}$,6; 3° 35$^{st.}$,05?

82. Ecrire la valeur des nombres suivants:

1° 3$^{st.}$,4; 2° 6$^{décast.}$,65: 3° 2^{décast},3.

83. 1° Combien le stère vaut-il de mèt. cub.? 2° de décim. cub.? 3° de centim. cub.?

84. 1º Combien le décast. vaut-il de mèt. cub.? 2º de décim. cub.? 3º de centim. cub.?

85. 1º Combien le décist. vaut-il de décim. cub? 2º de centim. cub.?

86. 1º Qu'est-ce que le décim. cub. par rapport au décast.? 2º par rapport au stère? 3º par rapport au décist.?

87. 1º Qu'est-ce que le centim. cub. par rapport au décist.? 2º par rapport au stère? 3º par rapport au décast.?

88. Rapporter au mèt. cub., puis au décim. cub., chacun des nombres suivants :

1º 8 $^{st.}$,3; 2º 12 $^{décast.}$,4 ; 3º 0 $^{st.}$,6; 4º 8 $^{décast.}$,05.

Problèmes. 89. Un marchand de bois en fournit chaque année 120 stères à un établissement. Il a déjà fait quatre livraisons, dont le détail suit : la première est de 3 décast., 5 stères ; la deuxième, de 45 stères, 3 décist.; la troisième, de 56 décist.; et la quatrième de 2 décast., 5 décist. De combien sera la cinquième et dernière livraison ?

90. Un marchand de bois a acheté en trois différentes fois : 1º 275 stères, 4 décist. de chêne ; 2º 35 décast., 35 décist. de hêtre ; 3º 20 décast., 9 décist. de bouleau. Combien a-t-il déboursé pour cet achat, s'il a payé le tout, en moyenne, 14 $^{fr.}$,50 le stère ?

91. Combien valent 16 doubles décist., à raison de 17 $^{fr.}$,50 le stère ?

92. Si 3 décast., 8 décist. de bois ont coûté 423 $^{fr.}$,50, combien coûteront, à proportion, 16 doubles stères du même bois ?

93. Combien faut-il de voitures pour transporter 30 stères, 6 décist. de bois, si chacune peut en contenir 25 décist. 1/2 ?

94. Si dans une maison on brûle 0^{décist.},3 de bois par jour, combien de temps dureront 4 stères 1/2?

95. J'ai acheté 375 ^{st.},4 de bois pour 5.856^{fr.},24 ; on m'en a livré pour 2.299^{fr.},24 : combien m'en doit-on encore de doubles stères?

3° LITRE.

EXERCICES. — **96.** Écrire en chiffres et rapporter au litre :

1° Vingt-cinq hectol., trois décal. ; 2° dix-huit décal., trois décil.; 3° vingt-cinq décal., trente-six centil.; 4° trois décil.; 5° un décal., vingt-huit centil.

97. 1° Combien l'hectol. vaut-il de décil.? 2° le décal. de centil.? 3° le kilol., de décal.? 4° l'hectol., de centil.?

98. 1° Qu'est-ce que le décil. par rapport au décal.? 2° le centil. par rapport à l'hectol.? 3° le litre par rapport au décal.? 4° le décal. par rapport au kilol.?

99. 1° Comment appelle-t-on la dixième partie d'un hectol.? 2° la dixième partie d'un décil.? 3° la centième partie d'un décal.? 4° la millième partie d'un hectol.? 5° la centième partie d'un litre?

100. Écrire la valeur des nombres suivants :

1° 3^{lit.},05 ; 2° 8.^{décal.},07 ; 3° 35 ^{hectol.},00056 ; 4° 15^{décal.},003 ; 5° 8^{décil.},3.

101. Rapporter au décal., puis au décil., chacun des nombres suivants :

1° 25 ^{lit.},3 ; 2° 8 ^{hectol.},06 ; 3° 35 ^{lit.},45 ; 4° 2 ^{hectol.},0025.

102. Si le litre coûte 0 ^{fr.},75, combien coûtent : 1° l'hectol.; 2° le décal.; 3° le décil.; 4° le centil.?

103. 1° Combien le litre contient-il de centim. cub.? 2° le décil., de millim. cub.? 3° le centil., de centim. cub.? 4° le décal., de décim. cub.? 5° l'hectol., de centim. cub.? 6° le kilol., de décim. cub.?

104. 1° Qu'est-ce que le millim. cub. par rapport

au centil.? 2º le décim. cub. par rapport au décal.? 3º le centim. cub. par rapport au centil.? 4º le décim. cub. par rapport au kilol.?

105. Rapporter à l'hectol., puis au litre, les nombres suivants :

1º 3 $^{\text{m. cub.}}$,5 ; 2º 5 $^{\text{m. cub.}}$,0036 ; 3º 0 $^{\text{m. cub.}}$,0367 ; 4º 54 $^{\text{décim. cub.}}$,85.

PROBLÈMES. — **106.** Combien y a-t-il de litres de vin dans quatre fûts, dont le premier contient 3 hectol., 12 litres; le deuxième, 24 décal., 8 décil.; le troisième, 1 hectol., 35 décil.; et le quatrième, 250 litres, 50 centil.?

107. Combien coûtent 30 pièces de vin contenant chacune 21 décal., 6 lit., à raison de 45 $^{\text{fr.}}$,50 l'hectol.?

108. Combien faudra-t-il de sacs pour contenir 28 hectol., 8 litres de grain, si la contenance de chaque sac est de 108 litres?

109. Un marchand a du vin qui lui coûte 42 fr. l'hectol. Il en vend 8 $^{\text{hectol.}}$,45 à raison de 0 $^{\text{fr.}}$,60 le litre, et avec son bénéfice il achète du vin qu'il paie 34 fr. l'hectol. : combien en reçoit-il ?

110. Un grainetier a acheté deux mesures de blé de même qualité : la première coûte 91 fr.; la seconde, qui contient 1 hectol., 35 litres de plus que la première, coûte 128 $^{\text{fr.}}$,80. Combien d'hectol. renferme chaque mesure, et à combien revient le décal.?

111. Un cultivateur qui a récolté 64 hectol. d'avoine, en vend d'abord 280 décal.; le lendemain il vend le reste au même prix et il reçoit 124 $^{\text{fr.}}$,80 de plus que la première fois. Quel était le prix de l'hectol.?

112. Un détaillant a acheté à raison de 42 $^{\text{fr.}}$,50 l'hectol., 4 pièces de vin qui lui ont coûté 348 ,50. La première pièce contient 175 litres, 6 décil; la deuxième 24 décal., et la troisième, 2 hectol., 8 litres. Combien la quatrième contient-elle?

113. On a reçu 1313$^{fr.}$,16 pour 70$^{hectol.}$,6 de grain; combien recevra-t-on à proportion pour 45 hectol.?

MESURES DE LA PESANTEUR.

GRAMME.

EXERCICES. — 114. Ecrire en chiffres et rapporter au kilog., puis au gramme :

1º Trente-cinq kilog., huit hectog.; 2º dix-huit hectog., six décag.; 3º trente-six décag., trois décig.; 4º cinq hectog., quarante-cinq centig.; 5º trois gram., six centig.

115. 1º Combien le décag. vaut-il de décig.? 2º le kilog., d'hectog.? 3º le myriag., de décag.? 4º l'hectog., de centig.?

116. 1º Qu'est-ce que le gramme par rapport à l'hectog.? 2º le décig. par rapport au kilog.? 3º le millig. par rapport au décig.? 4º le centig. par rapport au kilog.?

117. 1º Comment appelle-t-on la dixième partie d'un kilog.? 2º la centième partie d'un hectog.? 3º la millième partie d'un décag.? 4º la centième partie d'un kilog.?

118. Ecrire la valeur des nombres suivants :

1º 5$^{kilog.}$,3; 2º 16$^{hectog.}$,05; 3º 4$^{décag.}$,0028; 4º 15$^{gr.}$,005; 5º 0$^{kilog.}$,0005.

119. Rapporter à l'hectog. les nombres suivants :

1º 12$^{kilog.}$,8; 2º 175$^{décag.}$,5; 3º 26$^{gr.}$,35; 4º 0$^{kilog.}$,3256; 5º 0$^{gr.}$,28.

120. Si le kilog. coûte 25 fr., combien coûtent à

proportion : 1º un hectog., 2º un décag. ; 3º un gramme, 4º un décig., 5º un centig.?

121. Quel est le poids : 1º d'un kilol. d'eau distillée? 2º d'un hectol.? 3º d'un double décal.? 4º d'un demi-litre? 5º d'un double décil.? 6º d'un centil.?

122. Quel est le poids des volumes d'eau distillée exprimés par les nombres suivants :

1º 25$^{lit.}$,3 ; 2º 0$^{lit.}$,25 ; 3º 3$^{décal.}$,45 ; 4º 0$^{m. cub.}$,0035 ; 5º 0$^{m. cub.}$,25 ; 6º 0$^{m. cub.}$,00001 ?

123. Exprimer en litres, puis en centim. cub. le volume de l'eau distillée que représentent les nombres suivants :

1º 30$^{kilog.}$,54 ; 2º 75$^{hectog.}$,4 ; 3º 560$^{décag.}$,6.

PROBLÈMES. — 124. Quelle quantité de savon renferment trois caisses qui pèsent brut : la première, 50 kilog., 25 décag.; la deuxième, 53 kilog., 8 hectog., et la troisième, 48 kilog., 8 décag., sachant que chaque caisse étant vide pèse 35 hectog.?

125. Un épicier qui a 65 kilog., 8 gram. de sucre, en vend 285 hectog., 8 décag., à raison de 1$^{fr.}$,85 le kilog. On demande : 1º combien il lui en reste de kilog.; 2º quelle somme il a reçue pour ce qu'il a vendu?

126. Combien pèse le chargement d'un bateau contenant 350 pièces de Bordeaux de chacune 240 litres, si le poids de chaque fût est de 18$^{kilog.}$,5, et celui d'un litre de vin de Bordeaux de 994 grammes?

127. Un vase plein d'eau distillée pèse 5$^{kilog.}$,32; le vase seul pèse 1 kilog., 5 hectog. : dites quelle en est la capacité, 1º en litres, 2º en centim. cub.

128. Un boucher a acheté un veau et un mouton pesant ensemble 120 kilog., 8 décag.; le veau pèse 15 kilog., 5 hectog. de plus que le mouton. Quel est le poids de chaque bête?

129. Dans un réservoir de forme cubique qui a 1^m,65 de côté, on a versé 1769$^{kilog.}$,625 d'eau pure. A quelle hauteur s'élève-t-elle?

130. Un boucher a acheté un bœuf pesant 376 kilog. pour la somme de 282 fr. Il en a retiré, en le vendant au détail, 413 fr. 60. Combien a-t-il gagné par hectog.?

131. Un marchand de vin a acheté deux pièces de Bourgogne qui pèsent, la première 275$^{kilog.}$,824 et la seconde 261$^{kilog.}$,943. Chaque fût pèse 22 kilog., et un litre de vin de Bourgogne 991$^{gr.}$,5. Dites combien chaque pièce renferme d'hectol., et quelle en est la capacité exprimée en décim. cub.

132. On désire savoir quel est le poids de l'eau contenue dans une citerne qui a 3^m,40 de longueur, 1^m,85 de largeur et 2^m,25 de profondeur.

MONNAIES (1).

FRANC.

PROBLÈMES. — **133.** Quel est le poids de 350 fr. 1° en argent; 2° en or; 3° en cuivre?

134. Exprimer en hectomètres la longueur que l'on obtiendrait si on plaçait en contact sur une même ligne : 18.375 fr. en pièces de 5 francs, 9.600 fr. en pièces de 2 francs, 8.500 fr. en pièces de 1 franc, 10.800 fr. en pièces de 50 centimes, et 690 fr. 80 en pièces de 20 centimes.

135. Un sac rempli d'une égale quantité de pièces de 2 fr., de 1 fr. et de $\frac{1}{2}$ fr., pèse 4$^{kilog.}$,3175 ; le sac

---

(1) Les exercices sur les monnaies ne présentant aucune difficulté, nous avons pensé qu'il était inutile d'en donner.

seul pèse 3 décag. Combien contient-il de pièces de chaque sorte, et combien pèserait-il s'il renfermait la même somme en or?

136. Sachant que la pièce de 20 fr. pèse 6$^{gr.}$,4516, et la pièce de 1 fr., 5 grammes, trouver par le calcul le rapport de l'or à l'argent, à poids égal.

137. L'eau contenue dans un vase pèse autant que 36 pièces de 40 fr.: quelle est la capacité de ce vase?

138. Déterminer le poids de l'argent pur et le poids du cuivre contenus dans les pièces de 5 fr., de 2 fr., de 1 fr., de 0 fr. 50 , de 0 fr. 25 et de 0 fr. 20. — Déterminer également la quantité d'or et la quantité de cuivre qu'il y a dans les pièces de 40 fr., de 20 fr. et de 10 fr.

139. On désire savoir quel est, d'après la tolérance accordée par la loi, le poids le plus fort et le poids le plus faible que peut avoir chaque pièce d'or et chaque pièce d'argent.

140. Déterminer ce que représente en centimes la tolérance de poids sur les différentes pièces d'or ou d'argent.

141. Quelle quantité d'argent pur faut-il allier à 3 $^{hectog.}$,5 de cuivre pour obtenir de l'argent au titre des monnaies?

142. Combien faudrait-il allier de cuivre à 243 grammes d'or pur, pour obtenir de l'or au titre des monnaies?

143. Dans quelle proportion faut-il allier deux lingots aux titres de 0,850 et de 0,920 pour obtenir 2 kilog., 45 décag. au titre des monnaies?

144. Le kilog. d'argent à 0,900 valant 198 fr. 50 au change des monnaies, et le kilog. d'or 3.094 fr., on demande ce que valent au change : 1° 36 gram. d'argent monnayé, 2° 85 gram. d'or monnayé.

OUVRAGES D'OR ou D'ARGENT.

Problèmes. — **145.** Combien valent au change des monnaies trois bijoux en or, dont l'un est au premier titre, les deux autres au deuxième et au troisième titre, et qui pèsent chacun 8^{gr},25?

146. Un vase d'or au troisième titre a été payé, au change des monnaies, 2.406 fr. 45 : combien pèse-t-il?

147. Une cafetière en argent, au premier titre, pèse 350 grammes. Combien vaut-elle au change des monnaies?

148. Un bol en argent, qui pèse 150 grammes, a été payé 31 fr. 43 au change des monnaies. A quel titre est-il?

149. Quel titre obtiendrait-on si on alliait 3 grammes d'argent au premier titre, à 5 grammes d'argent au second titre?

150. Quel titre aurait-on si on alliait parties égales d'or au premier, au deuxième et au troisième titre?

151. Combien doit-on payer pour le contrôle d'une timbale d'argent pesant 95 grammes?

152. Quel est le prix du contrôle d'une chaîne d'or pesant 175 grammes?

153. Un vase d'argent au premier titre, a été vendu, au change des monnaies, 295 fr. Combien pèse-t-il et quel a été le prix du contrôle?

SOLUTIONS

DES

EXERCICES ET PROBLÈMES

contenus dans la

SECONDE PARTIE

———◇———

1. — 1° 6^m,3 ; 2° 504 mèt. ; 3° 6.080 mèt. ; 4° 30^m,005 ; 5° 90.700 mèt.

2. — 1° 1.000 décam.; 2° 10 hectom.; 3° 1.000 décim.; 4° 10 centim.; 5° 100 millim.

3. — 1° La centièm. part.; 2° la millièm. part.; 3° la millièm. part.; 4° la cent-millièm. part.

4. — 1° décam. ; 2° décim. ; 3° décim.

5. — 1° 3 mèt., 5 centim.; 2° 12 hectom., 2 décim.; 3° 6 kilom., 25 décam.; 4° 2 myriam., 2 mèt.; 5° 3 décam., 7 décim.

6. — 1° 430 centim.; 2° 60.300 centim.; 3° 1.200 centim., 6; 4° 9.080 centim. ; 5° 103.000 centim.

7. — 1° 0 fr. 65 ; 2° 0 fr. 065 ; 3° 0 fr. 0065.

8. — 1° 4.000.000 d'hectom. ; 2° 400.000 kilom. ; 3° 40.000 myriam.

9. — 91.143 mèt., 125 millim.

10. — 56.520 centim.

11. — 35 fr. 42.

12. — Il aura parcouru 9.900 hectom., et il lui sera dû 89 fr. 10.

13. — 1° 1 fr. 20; 2° 0 fr. 12.

14. — 16.000 arbres.

15. — 1.094 fr. 25.

16. — 311.000.000 de mètres.

17. — 700 marches.

18. — 57.000 mètres.

19. — 1° 12 m. car.,08 ; 2° 6 m. car.,000025 ; 3° 0 m. car.,4504 ; 4° 0 m. car.,001236.

20. — 1° 1.000.000 de décim. car. ; 2° 1.000.000 de centim. car. ; 3° 100 millim. car. ; 4° 10.000 décam. car. ; 5° 100 kilom. car.

21. — 1º La millionièm. part., 2º la dix-millièm. part., 3º la dix-millièm. part., 4º la centièm. part.

22. — 1º centim. car., 2º hectom. car., 3º mèt. car., 4º millim. car.

23. — 1º 14 mèt. car., 35 décim. car., 60 centim. car.; 2º 2 décim. car., 5 centim. car., 32 millim. car.; 3º 25 centim. car., 30 millim. car.; 4º 12 kilom. car., 50 hectom. car.

24. — 1º 4.530 décam. car.; 2º 61.500 décam. car.; 3º 0 décam. car., 01053; 4º 0 décam. car.,00125; 5º 15.027.000 décam. car.

25. — 1º 0 fr. 253; 2º 0 fr. 00253; 3º 0 fr. 0000253.

26. — 1º 30 fr.; 2º 0 fr. 30; 3º 0 fr. 00003.

27. — 1º 2 m. car.,56; 2º 2 m. car.,5316; 3º 1 m. car.,752454.

28. — 1º 250.000 hectom. car.; 2º 17.500 hectom. car.

29. — 1º 2 m. car.,2650.

30. — 192 fr. 1725.

31. — 1197 carreaux.

32. — 15 centim. car.

33. — 48 planches.

34. — 2 fr. 34.

35. — 40 mèt. car., 68 décim. car., 75 centim. car.

36. — 36.000 hectom. car.

37. — 2 myriam. car.,5650.

38. — 1º 1.500 ares,35; 2º 1.202 ares; 3º 612 ares,04; 4º 0 are,18; 5º 12.503 ares,06.

39. — 1º 100 ares, 2º 100 centiares, 3º 10.000 centiares.

40. — 1º La centièm. part., 2º la centièm. part., 3º la dix-millièm. part.

41. — 1º 12 hectares, 2 ares; 2º 6 ares, 30 centiares; 3º 40 hectares, 92 ares, 60 centiares; 4º 30 ares, 37 centiares.

42. — 1º 253.000 centiares, 2º 3.600 centiares. 3º 560 centiares.

43. — 1º 0 hectar.,085; 2º 0 hectar.,0073.

44. — 1º 2.135 centiares ou 21 ares,35 ou 0 hectar.,2135; 2º 536 centiar.,8 ou 5 ares,368 ou 0 hectar.,05368; 3º 2.756 centiar.,25 ou 27 ares,5625 ou 0 hectar.,275625.

45. — 1º 10.000 décim. car., 2º 10.000 mèt. car., 3º 10.000 centim. car.

46. — 1º La dix-millièm. part., 2º la dix-millièm. part., 3º la millionièm. part., 4º la centièm. part.

47. — 1º 375 hectom. car.,36 ou 3 kilom. car.,7536; 2º 25 hectom. car.,184 ou 0 kilom. car.,25184; 3º 5.840 hectom. car.,075 ou 58 kilom. car.,40075.

48. — 1º 3.500 hectares, 2º 45.500 hectares, 3º 49 hectares.

49. — 19 hectares, 36 ares, 75 centiares.

50. — 1,474 ares, 60 centiares.

51. — 26.634 mètres carrés.

52. — 1.154 fr. 56.

53. — 65 jours.

54. — 48.000 mètres carrés.

55. — 1.110 fois $\frac{9}{10}$ environ.

56. — 3.332 fr.

57. — 37.500 hectares.

58. — 1° 388 arcs, 80 centiares ; 2° 108 mèt. car. par jour.

59. — 1° 6 m. cub.,045 ; 2° 375 m. cub.,000056 ; 3° 40 m. cub.,01635 ; 4° 0 m. cub.,014165 ; 5° 0 m. cub.,000975028.

60. — 1° 1.000.000 de centim. cub., 2° 1.000 centim. cub., 3° 1.000.000.000 de millim. cub., 4° 1.000.000 de millim. cub. 5° 1.000 millim. cub.

61. — 1° La millièm. part., 2° la millionièm. part., 3° la millionièm. part., 4° la billionièm. part.

62. — 1° centim. cub., 2° centim. cub., 3° millim. cub.

63. — 1° 6 mèt. cub., 276 décim. cub. ; 2° 14 mèt. cub., 18 décim. cub., 500 centim. cub. ; 3° 56 décim. cub., 920 centim. cub. ; 4° 2 mèt. cub., 10 décim. cub., 652 centim. cub., 500 millim. cub. ; 5° 60 centim. cub. ; 5° 800 millim. cub.

64. — 1° 12.003.000 centim. cub. ou 12.003 décim. cub. ; 2° 275.025 centim. cub. ou 275 décim. cub.,025 ; 3° 175.000.000 centim. cub.,036 ou 175.000 décim. cub.,000036 ; 4° 30.000 centim. cub.,003 ou 30 décim. cub.,000003.

65. — 14.402.400 centim. cub.

66. — 1° 0 fr. 0562 ; 2° 0 fr. 0000562.

67. — 1° 125 fr. ; 2° 0 fr. 125 ; 3° 0 fr. 000125.

68. — 1° 25.300 décim. cub. ; 2° 276 décim. cub.,25 ; 3° 3 décim. cub.,765 ; 4° 1 décim. cub.,756025.

69. — 7.335 décim. cub.,935.

70. — 63 fr. 78.

71. — 14.336 boîtes.

72. — 0 m,40.

73. — 540 brouettées.

74. — 1 m. 75 centim. de profondeur.

75. — 26.000 briques.

76. — 171 fr. 81.

77. — 7 ouvriers.

78. — 1° 53 st. ; 2° 25 st.,6 ; 3° 0 st.,8 ; 4° 90 st.,3.

79. — 1° 10 st., 2° 10 décist., 3° 100 décist.

80. — 1° La dixièm. part., 2° la dixièm. part., 3° la centièm. part.

81. — 1° 1.350 décist., 2° 86 décist., 3° 350 décist.,5.

82. — 1º 3 st., 4 décist. ; 2º 6 décast., 65 décist. ; 3º 2 décast., 3 st.

83. — 1º 1 m. cub., 2º 1.000 décim. cub., 3º 1.000.000 de centim. cub.

84. — 1º 10 mèt. cub., 2º 10.000 décim. cub., 3º 10.000.000 de centim. cub.

85. — 1º 100 décim. cub., 2º 100.000 centim. cub.

86. — 1º La dix-millièm. part., 2º la millièm. part., 3º la centièm. part.

87. — 1º La cent-millièm. part., 2º la millionièm. part., 3º la dix-millionièm. part.

88. — 1º 8 m. cub.,3, ou 8.300 décim. cub., ou 8.300.000 centim cub. ; 2º 124 m. cub., ou 124.000 décim. cub., ou 124.000.000 de centim. cub. ; 3º 0 m. cub.,6, ou 600 décim. cub., ou 600.000 centim. cub. ; 4º 80 m. cub.,5, ou 80.500 décim. cub., ou 80.500.000 centim. cub.

89. — 13 st., 6 décist.

90. — 12.032 fr. 10.

91. — 56 fr.

92. — 440 fr.

93. — 12 voitures.

94. — 150 jours.

95. — 114 doubles stères.

96. — 1º 2.530 lit.; 2º 180 lit.,3 ; 3º 250 lit.,36 ; 4º 0 lit.,3 ; 5º 10 lit.,28.

97. — 1º 1.000 décil.; 2º 1.000 centil.; 3º 100 décal.; 4º 10.000 centil.

98. — 1º la centièm. part. ; 2º la dix-millièm. part.; 3º la dixièm. part.; 4º la centièm. part.

99. — 1º décal.; 2º centil.; 3º décil.; 4º décil.; 5º centil.

100. — 1º 3 lit., 5 centil.; 2º 8 décal., 7 décil.; 3º 35 hectol., 56 millil.; 4º 15 décal., 3 centil.; 5º 8 décil., 3 centil.

101. — 1º 2 décal.,53 ou 253 décil.; 2º 80 décal.,6 ou 8.060 décil.; 3º 3 decal.,545 ou 354 décil.,5 ; 4º 20 décal.,025 ou 2.002 décil.,5.

102. — 1º 75 fr. ; 2º 7 fr. 50 ; 0 fr. 075 ; 4º 0 fr. 0075.

103. — 1º 1.000 centim. cub.; 2º 100.000 millim. cub.; 3º 10 centim. cub.; 4º 10 décim. cub.; 5º 100.000 centim cub.; 6º 1.000 décim. cub.

104. — 1º la dix-millièm. part.; 2º la dixièm. part., 3º la dixièm. part.; 4º la millièm. part.

105. — 1º 35 hectol. ou 3.500 lit.; 2º 50 hectol.,036 ou 5003 lit.,6 ; 3º 0 hectol.,367 ou 36 lit.,7 ; 4º 0 hectol.,5485 ou 54 lit.,85.

106. — 906 lit., 8 décil.

107. — 2.948 fr. 40.

108. — 26 sacs.

109. — 447 lit., 35 centil.

110. — La première, 3 hectol. 25 lit.; la deuxième, 4 hectol. 60 lit. — Le décal. coûte 2 fr. 80.

111. — 15 fr. 60 l'hectol.

112. — 196 lit., 4 décil.

113. — 837 fr.

114. — 1° 35 kilog.,8 ou 35.800 gr.; 2° 1 kilog.,86 ou 1.860 gr.; 3° 0 kilog.,3603 ou 360 gr.,3; 4° 0 kilog.,50045 ou 500 gr.,45 ; 5° 0 kilog. 00306 ou 3 gr.,06.

115. — 1° 100 décig.; 2° 10 hectog.; 3° 100 décag.; 4° 10 000 centig.

116. — 1° La centièm. part., 2° la dix-millionièm. part., 3° la centièm. part., 4° la cent-millièm. part.

117. — 1° hectog., 2° gram., 3° centig., 4° décag.

118. — 1° 5 kilog., 3 hectog. ; 2° 16 hectog., 5 gr. ; 3° 4 décag., 28 millig. ; 4° 15 gr., 5 millig. ; 5° 5 décig.

119. — 1° 128 hectog. ; 2° 17 hectog.,55 ; 2° 0 hectog.,2635 ; 4° 3 hectog.,256 ; 5° 0 hectog.,0028.

120. — 1° 2 fr. 50 ; 2° 0 fr. 25 ; 3° 0 fr. 025 ; 4° 0 fr. 0025 ; 5° 0 fr. 00025.

121. — 1° 1.000 kilog., 2° 100 kilog., 3° 20 kilog., 4° 5 hectog., 5° 2 hectog., 6° 10 gr. ou 1 décag.

122. — 1° 25 kilog., 3 hectog. ; 2° 25 décag. ; 3° 34 kilog., 5 hectog.; 4° 3 kilog., 5 hectog. ; 5° 250 kilog. ; 6° 1 décag.

123. — 1° 30 lit.,54 ou 30.540 centim. cub. ; 2° 7 lit.,54 ou 7.540 centim. cub. ; 3° 5 lit.,606 ou 5.606 centim. cub.

124. — 141 kilog., 63 décag.

125. — 1° 36 kilog., 505 gr. ; 2° 52 fr. 873.

126. — 89.971 kilog.

127. — 1° 3 lit., 82 centil.; 2° 3.820 centim. cub.

128. — Le mouton pèse 52 kilog., 29 décag.; le veau 67 kilog., 79 décag.

129. — 0m,65 de hauteur.

130. — 0 fr. 035 par hectog.

131. — La première pièce contient 5 hectol., 56 lit., et sa capacité est de 256 décim. cub.; la seconde contient 2 hectol., 42 lit., et sa capacité est de 242 décim. cub.

132. — 14.152 kilog., 5 hectog.

133. — 1° 1 kilog., 750 gr.; 2° 112 gr., 903 millig.; 3° 70 kilog.

134. — 9 hectom.,01685 (ou 901 mètres, 685 millim.).

135. — 1° 245 pièces de chaque sorte ; 2° la même somme en or pèserait 279 gr., 612 milligr. (y compris le poids du sac.)

136. — 1 gr. d'argent vaut 0 fr.,20 ; 6 gr.,4516 d'argent monnayé valent 6,4516 $\times$ 0,20, ou 1 fr.,29032. Mais le même poids d'or monnayé vaut 20 fr. Donc le rapport de l'argent monnayé à l'or monnayé,

est, à poids égal , comme 1,29032 à 20, ou, en simplifiant, comme 1 à 15 $\frac{1}{2}$; et réciproquement le rapport de l'or à l'argent, comme 15 $\frac{1}{2}$ à 1.

137. — 464 centim. cub., 515 millim. cub.

138. — La pièce de 5 fr. contient 22,5 gr. d'arg. pur, et 2,5 gr. de cuiv.

—	2	id. 9	id.	1 id.
—	1	id. 4,5	id.	0,5 id.
—	0,50	id. 2,25	id.	0,25 id.
—	0,25	id. 1,125	id.	0,125 id.
—	0,20	id. 0,9	id.	0,1 id.

La pièce de 40 fr. contient 11,6129 gr. d'or pur, et 1,2903 gr. de cuiv.

—	20	id. 5,8064	id.	0,6452 id
—	10	id. 2,9032	id.	0,3226 id.

139 et 140.

Noms des pièces.	Poids le plus fort. gr.	Poids le plus faible. gr.	Tolérance exprimée en centimes.
40 fr.	12,92903	12,87742	8 centimes. (1)
20	6,46451	6,43871	4 id.
10	3,23226	3,21935	2 id.
5	25,075	24,925	1,5 id.
2	10,05	9,95	1 id.
1	5,025	4,975	0,5 id.
0,50	2,5175	2,4825	0,35 id.
0,25	1,2625	1,2375	0,25 id.
0,20	1,01	0,99	0,20 id.

(1) Pour trouver les nombres qui sont dans cette colonne, il faut multiplier la valeur de chaque pièce par la fraction décimale qui exprime la tolérance de poids, en plus ou en moins.

141. — 3 kilog., 15 décag. d'argent pur.

142. — 27 gram. de cuivre.

143. — 0 kilog.,7 à 0,850, et 1 kilog.,75 à 0,920.

144. — 1° 7 fr. 146 ; 2° 262 fr. 99.

145. — Le premier, 26 fr. 09 ; le deuxième, 23 fr. 82 ; le troisième, 21 fr. 27.

146. — 933 gram. $\frac{1}{3}$.

147. — 73 fr. 34.

148. — A 0,950 ou au premier titre.

149. — 0,856.

150. — 0,837.

151. — 1 fr. 45.

152. — 38 fr. 50.

153. — Il pèse 1407 gr.,89 ; le prix du contrôle, 15 fr. 49.

FIN.

9 782019 944810